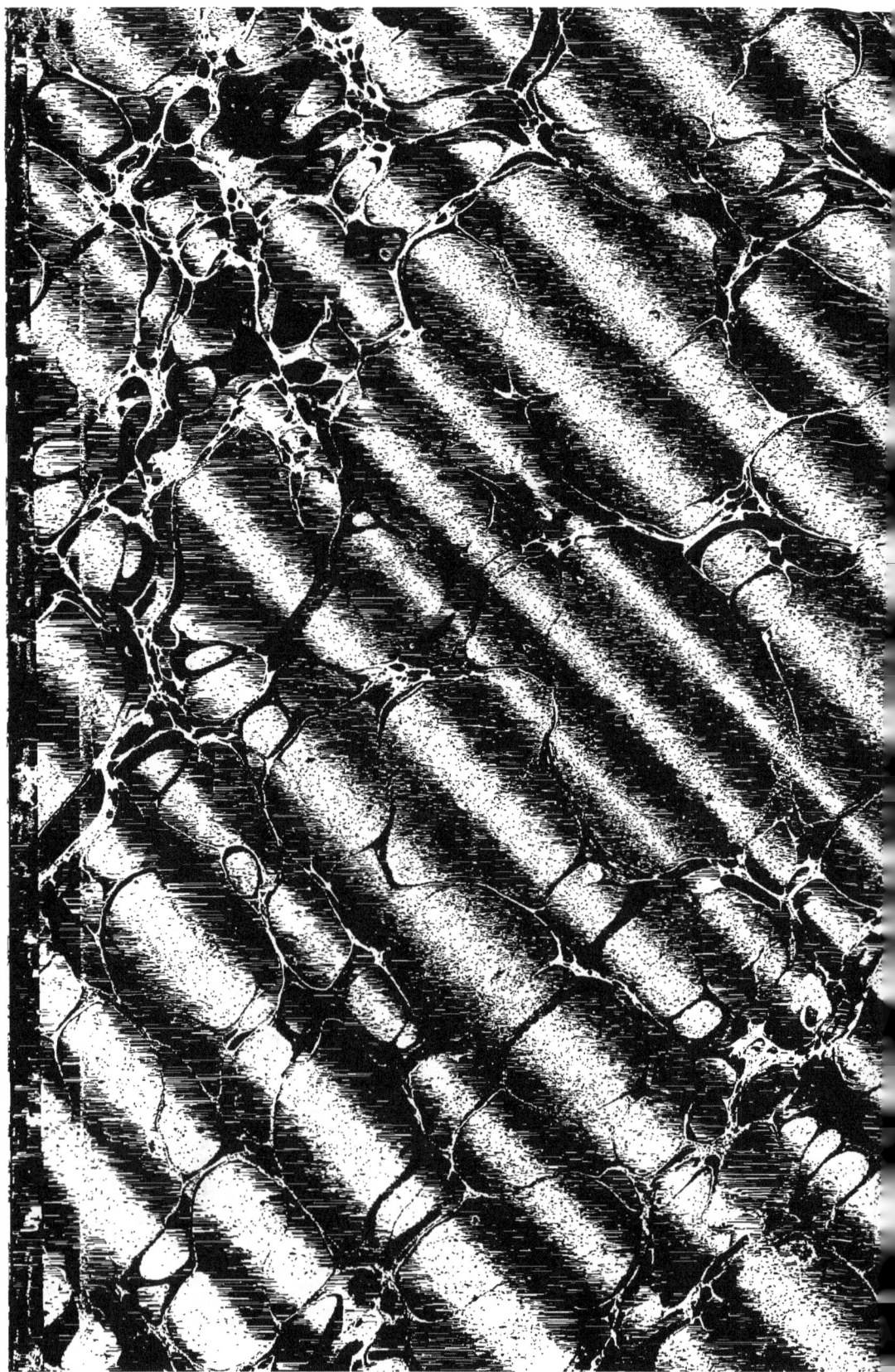

114

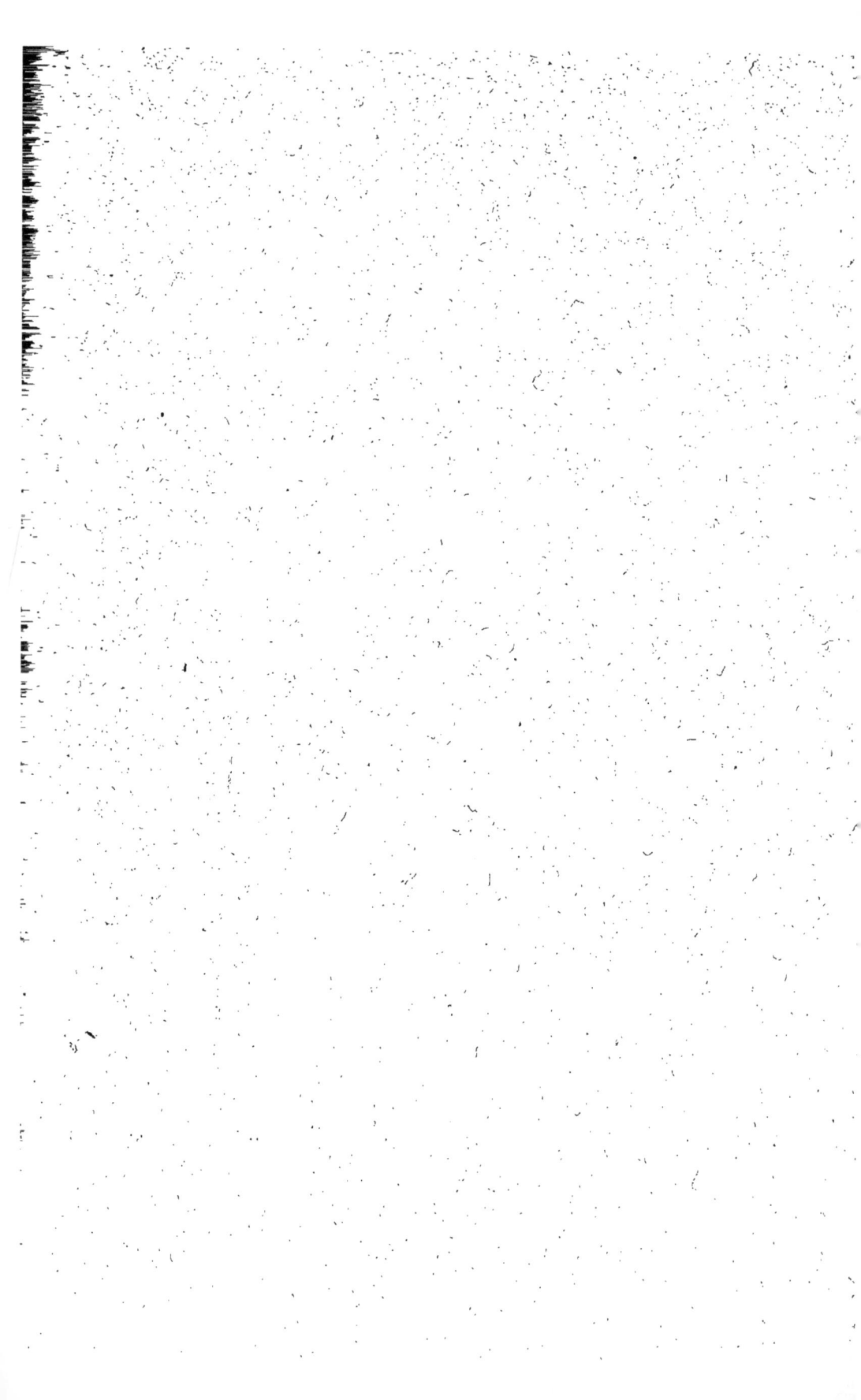

BIBLIOTHÈQUE DE LA NATURE

publiée sous la direction

DE M. GASTON TISSANDIER

LES

HOMMES-PHÉNOMÈNES

BIBLIOTHÈQUE DE *LA NATURE*

volumes publiés le 1ᵉʳ Décembre 1885

Les Récréations scientifiques, par M. Gaston Tissandier (ouvrage couronné par l'Académie française), 4ᵉ *édition*, entièrement refondue, 218 figures dans le texte et 4 planches en couleur.

L'Océan aérien, par M. Gaston Tissandier, avec 132 figures, dont 4 planches hors texte.

Les Origines de la Science et ses premières applications, par M. de Rochas, avec 217 figures, dont 5 planches hors texte.

Les principales Applications de l'Électricité, par M. E. Hospitalier, 3ᵉ *édition*, avec 144 figures, dont 4 planches hors texte.

Les nouvelles Routes du globe, par Maxime Hélène, avec 92 figures, dont 4 planches hors texte.

Les Voies ferrées, par M. L. Baclé, avec 147 figures, dont 4 planches hors texte.

Excursions géologiques à travers la France, par M. Stanislas Meunier, avec 98 figures, dont 2 planches hors texte.

L'Étain, par M. Germain Bapst, avec 11 planches hors texte.

L'Électricité dans la maison, par M. E. Hospitalier, avec 158 figures.

L'Art militaire et la Science, par le lieutenant-colonel Hennebert, avec 85 figures dans le texte et 4 planches hors texte.

Curiosités physiologiques. Les hommes-phénomènes, par M. Guyot-Daubès, avec 65 figures dont 2 planches hors texte.

La Vie au fond des mers, par M. Filhol, avec 79 figures et 8 planches, dont 4 en couleur.

Chaque volume est vendu :

Broché................................... 10 fr.

Richement cartonné........................... 13 fr.

3741-85. — Corbeil. Typ. et stér. Crété.

Un sergent des Gardes-Françaises, inclinant à l'aide d'une canne-hallebarde les fusils des hommes de sa compagnie (Armées du dix-septième siècle) (Page 282).

BIBLIOTHÈQUE DE LA NATURE

CURIOSITÉS PHYSIOLOGIQUES

LES
HOMMES-PHÉNOMÈNES

FORCE — AGILITÉ — ADRESSE

HERCULES — COUREURS — SAUTEURS — NAGEURS
PLONGEURS — GYMNASTES — ÉQUILIBRISTES — DISLOQUÉS — JONGLEURS
AVALEURS DE SABRES — TIREURS

PAR

GUYOT-DAUBÈS

—

Avec 62 gravures et 2 planches hors texte.

PARIS

G. MASSON, ÉDITEUR

LIBRAIRE DE L'ACADÉMIE DE MÉDECINE

120, Boulevard Saint-Germain, en face de l'École de Médecine

Dans chaque nation civilisée, il y a une sorte de déve-. loppement physique moyen, comme force, souplesse, agilité, adresse dans les exercices du corps, variant, pour le plus grand nombre de ses habitants, dans des limites peu étendues.

Mais de temps en temps on rencontre des individus chez lesquels ces qualités sont beaucoup plus développées que chez l'homme moyen; ils sont à même d'exécuter certaines prouesses physiques dont celui-ci serait incapable, ils lui sont enfin supérieurs à un point de vue spécial : par leur force comme les *hercules;* par leur agilité comme les *coureurs*, les *sauteurs*, les *gymnastes*, les *nageurs;* par leur adresse comme les *équilibristes*, les *jongleurs*, les *disloqués*, etc.

Ce sont ces individus que nous désignons sous le nom d'hommes-phénomènes.

L'ensemble des résultats extraordinaires auxquels ils arrivent constitue l'une des branches les plus curieuses de la physiologie humaine; nous nous proposons d'en présenter l'étude dans cet ouvrage.

G.-D.

LES
HOMMES-PHÉNOMÈNES

LES HERCULES

CHAPITRE PREMIER

LES HERCULES LÉGENDAIRES

La sélection humaine. — La légende. — Samson. — Hercule. — Gargantua. — Le géant Œnother. — Roland. — Les chevaliers. — Le major Barsaba. — Les hercules anglais.

La force physique a été le grand moyen de sélection naturelle de l'espèce humaine. Dans les temps préhistoriques, alors que nos premiers ancêtres avaient à lutter contre la faim, les bêtes sauvages, les voisins, alors que la lutte pour l'existence était pénible à l'extrême, l'homme fort seul résistait là où succombait l'homme faible.

Or cette sélection s'est perpétuée presque jusqu'à nos jours : pendant de longues suites de siècles le chef, le maître, était le plus fort, le plus vaillant dans les combats. A l'origine, les chevaliers, les membres de la noblesse, étaient ceux qui s'étaient distingués par leur force et leur courage, et c'est à eux que les conquérants donnaient les terres des vaincus.

Dans la chevalerie même, ce choix du plus fort, l'émulation

résultant de ce culte de la force était constamment entretenue par les tournois, les défis, les joutes.

Mais l'invention des armes à feu est venue diminuer cette prépondérance de la force en y substituant l'adresse ; le tireur habile sera toujours vainqueur du géant ; c'est la réminiscence de la légende biblique : David terrassant Goliath avec la pierre lancée par sa fronde. De même, actuellement, dans la production industrielle ou agricole, le travailleur qui produit le plus n'est pas celui qui peut manier les plus lourds fardeaux, mais celui qui dirige le mieux la machine, l'outil qui lui a été confié.

La force physique joue cependant encore un rôle considérable ; dans l'industrie et dans l'agriculture, le travail des machines est loin d'avoir remplacé complètement le travail de l'homme. Dans beaucoup de travaux l'homme a encore besoin de développer sa force ; l'ouvrier robuste sera toujours préféré, à qualités égales, à l'ouvrier chétif. Le soldat fort et robuste pourra accomplir des marches, porter des fardeaux mieux qu'un camarade plus faible que lui, et, malgré sa force, pourra être aussi adroit, aussi habile tireur ; la force n'exclut pas l'adresse.

Nous éprouvons généralement un certain plaisir, un intérêt plus ou moins grand à voir des individus faire preuve d'une force extraordinaire, on en ressent une espèce de fierté pour l'espèce humaine qui compense l'humiliation qu'on pourrait ressentir, comme individu, de notre impuissance relative ; cette admiration si naturelle en nous de la force physique jointe d'ordinaire à celle du courage, l'homme fort étant facilement courageux, se retrouve dans les légendes de la plupart des peuples.

La Bible célèbre les exploits de Samson, de la tribu de Dan. Pendant sa jeunesse il étouffa un lion entre ses bras. Nous nous sommes tous intéressés dans notre enfance aux péripéties de sa lutte contre les Philistins ; on se rappelle que, livré par les Juifs à ses terribles ennemis, il brise ses liens, ne trouve pour toute arme qu'une mâchoire d'âne avec laquelle il tue mille de ses adversaires et met le reste en fuite.

Un autre jour, renfermé par les Philistins dans la ville de

Gaza, il en enlève les lourdes portes pendant la nuit et les transporte au sommet d'une haute montagne. Trahi par Dalila, qui parvint à le priver de sa force, et livré à ses ennemis, il fut employé aux travaux les plus serviles. Plus tard, rendu aveugle et attaché aux colonnes d'un temple pour servir de risée au public, d'un violent effort il renverse une de ces colonnes, ce qui amena l'effondrement de l'édifice, et Samson fut écrasé avec trois mille Philistins.

Dans la mythologie grecque on trouve un grand nombre de héros accomplissant des prouesses ou des travaux extraordinaires; plusieurs ont reçu le nom d'Hercule, mais le plus connu des héros de ce nom est le fils de Jupiter et d'Alcmène.

Tout enfant, il étouffa dans ses mains les serpents envoyés par Junon pour le dévorer.

Il était armé d'une lourde massue que lui seul pouvait porter (fig. 1).

Outre la série des douze exploits connus sous le nom des travaux d'Hercule : l'action de tuer le lion de *Némée* dont il se servit de la peau comme d'une cuirasse; l'hydre de *Lerne;* la capture du sanglier d'*Erymanthe* et de la biche du mont *Ménale;* le nettoyage des écuries d'*Augias;* la chasse des oiseaux du lac de *Stymphale;* le domptage du taureau de *Crète* qui jetait du feu par les narines; le massacre des chevaux anthropophages de *Diomède ;* la défaite des Amazones; la victoire sur le roi *Géryon*, le géant aux trois corps ; et sur le dragon gardien du jardin des Hespérides, et sa descente aux enfers; Hercule lutta contre le géant *Antée* en Égypte; contre le brigand Cacus en Italie; contre les Centaures en *Thessalie;* il sépara des montagnes; il délia *Prométhée* enchaîné sur le Caucase; délivra la belle *Hésione* d'un monstre marin qui devait la dévorer; et mille autres prouesses analogues.

Hercule personnifie en un mot dans la mythologie grecque la force physique et aussi l'adresse, la bravoure et la générosité. Il en était de même de l'Hercule assyrien (fig. 2).

Les Gaulois avaient l'Hercule *Pantophage*, qui aux autres

qualités de l'Hercule grec joignait un formidable appétit.

Ce sont les légendes dont celui-ci était le héros qui, s'étant conservées par tradition jusqu'au seizième siècle, nous ont été présentées par *Rabelais* d'une façon si pittoresque et si amusante dans son histoire de *Gargantua*.

Sous cette nouvelle appellation, l'Hercule gaulois est resté populaire même à notre époque, et il n'est guère de cantons dans lesquels on ne voie, soit un dolmen, un menhir dont

Fig. 1. — Hercule combattant, d'après un dessin antique.

Fig. 2. — Hercule Assyrien.

l'érection est attribuée à Gargantua ; une empreinte plus ou moins reconnaissable montrée comme étant la trace du pied du héros. Pour en citer un exemple : les pierres de Changé (Mayenne), groupe de *menhirs*, sont connues dans le pays sous le nom de palets de Gargantua. Le géant s'amusait, dit-on, à jouer avec ces énormes blocs comme les enfants jouent au bouchon avec des pièces ou des ardoises.

Les pierres qu'il lançait sont celles qui gisent sur le sol, le but (le bouchon) est celle qui seule est restée debout.

Les vieux auteurs parlent souvent, dans leurs récits de bataille, de héros d'une force merveilleuse :

Dans l'armée de Charlemagne, d'après Ph. Camerarius, « se trouvait un géant nommé *OEnother*, natif d'un village de la Souabe, qui abattait les hommes comme s'il eût fauché du foin, et quelquefois en emportait bon nombre, embrochés de sa picque et tous, sur son épaule, comme on porterait des oiseaux enfilés au bout d'un bâton. Ce dit *Aventin* en son histoire de Bavière. »

Roland, le neveu de Charlemagne, était doué aussi d'une force prodigieuse. Il pourfendait, dit la légende, les ennemis de la tête jusqu'aux pieds malgré leur armure ; on sait que, mourant dans la vallée de Roncevaux, et voulant briser sa bonne épée *Durandal*, il en frappa le rocher qui se fendit sous le choc et forma ainsi le passage connu sous le nom de brèche de Roland.

Parmi les récits se rapportant à des hommes d'une force extraordinaire on peut citer les suivants : « Christophe, duc de Bavière, trois ans avant sa mort qui arriva à Rhodes au retour de la Palestine, leva de terre sur ses épaules et jeta bien loin de lui une masse de pierre qui pesait plus de trois cent quarante livres. »

Louis de *Boufflers*, surnommé le Robuste, qui vivait en 1534, était tout à la fois très fort et très agile.

Les pieds joints l'un contre l'autre, il ne se trouva personne qui pût le faire avancer ou reculer d'un pas.

Il rompait facilement un fer de cheval, et s'il prenait un bœuf par la queue, il était sûr de le conduire où il voulait.

Il soulevait un cheval puissant et l'emportait sur ses épaules.

Au siècle dernier le major *Barsaba*, d'après la chronique, était d'une telle force qu'en serrant la jambe d'un cheval il lui en cassait les os.

Étant entré dans la boutique d'un forgeron, il lui commanda un fer d'une grande résistance ; celui-ci se mit en devoir de le satisfaire, mais tandis qu'il avait le dos tourné, *Barsaba* prit l'enclume et la cacha sous son manteau ; l'ouvrier, qui voulait battre son fer, fut fort étonné de ne trouver sur quoi le poser, et il le fut encore plus quand il vit cet officier remettre sans difficulté son enclume en place.

On peut citer encore :

L'empereur Maximin Ier, « qui était si démesurément haut, dit Capitolain, qu'il passait la taille de huit pieds, » il avait le pouce d'une telle grosseur qu'il se faisait un anneau du bracelet de sa femme.

Dans sa jeunesse, alors qu'il n'était que simple pâtre, il avait vaincu, aux jeux que Septime Sévère donna à l'occasion de la naissance de son fils, seize des plus vigoureux lutteurs, et cela sans reprendre haleine : on sait que c'est cet exploit qui fut l'origine de sa fortune.

Le géant Antoine-Payne, fils d'un fermier du comté de Cornouailles, était dès sa jeunesse d'une taille et d'une force prodigieuses ; il s'amusait notamment, racontait-on, à prendre deux enfants de son âge, il en mettait un sur chaque bras et gravissait ainsi une colline abrupte du voisinage afin de leur « faire voir le monde », disait-il ; particularité curieuse : il était très intelligent, doux et très aimé de ses camarades ; aussi son souvenir est-il resté populaire parmi les écoliers de la Cornouailles.

Il fut nommé plus tard garde-chasse de sir Béville (Grandville de Stowe). Il avait alors sept pieds quatre pouces (2^m,22). La légende rapporte, parmi les nombreuses preuves qu'il donna de sa force, qu'un jour de Noël, ayant envoyé un jeune garçon chercher avec un âne une charge de bois, ne le voyant pas revenir, il alla au-devant de lui et, l'ayant rencontré, il chargea l'âne et son fardeau sur ses épaules et revint en toute hâte au château.

Pareil exploit est attribué par Froissard à un seigneur espagnol nommé *Ernaulton :* « il était grand, long et fort, et de gros membres, sans être trop chargé de chair. »

Ernaulton se trouvant dans le château de Foix, avec plusieurs seigneurs qui se plaignaient de la température rigoureuse et du faible feu allumé dans la salle où ils étaient, ayant vu dans la cour des ânes chargés de bois, il descendit, chargea l'un d'eux sur son dos et remonta légèrement l'escalier de vingt-quatre marches, pénétra dans la salle et vint renverser les bûches et l'âne au milieu du foyer.

On raconte qu'un soldat nommé *Lupont*, de l'armée de Charles-Quint, était d'une force et d'une agilité remarquables : ainsi
il gagnait ses camarades à la course, alors que lui courait en
ayant un gros mouton sur ses épaules. Chargé par le marquis
de Pescaire, gouverneur du duché de Milan, de faire une reconnaissance dans le camp ennemi, il partit et, ayant rencontré une
sentinelle, il la saisit, l'enlève, et revient en courant la déposer
aux pieds de son général.

On peut rapprocher de cette histoire la facétie exécutée une
nuit par un gentleman anglais également d'une assez belle
force. Ayant rencontré un veilleur de nuit endormi dans sa
guérite, il enlève contenant et contenu, va les placer le plus
doucement possible sur le haut du mur d'un cimetière, et
part satisfait de sa plaisanterie.

CHAPITRE II

LES HERCULES AUTHENTIQUES

Le docteur Désaguliers. — Le Samson allemand. — L'institut royal britannique. — Topham. — Johnson. — Les forts des halles à Paris — Lapiada.

Indépendamment de ces exemples de force extraordinaire que nous venons de rapporter et qui, recueillis dans les historiens anciens et modernes et dans les chroniqueurs, sont sujets à caution, il en est d'autres qui ont été observés soit par des médecins ou des physiologistes, dont quelques-uns ont donné lieu à des études spéciales et que l'on peut considérer comme authentiques.

Tels sont ceux observés par le docteur Désaguliers.

Le docteur Désaguliers, élève de Newton, faisait, vers le commencement du siècle dernier, des expériences et des études de physiologie expérimentale, cherchant à se rendre compte des procédés que les acrobates, les hercules, employaient, d'une manière plus ou moins consciente, dans leurs exercices.

Au point de vue des hercules, ses études portèrent d'abord sur un individu qui s'exhibait en ce moment à Londres et dont les tours étaient extraordinaires.

C'était un nommé Eckeberg, né en Anhalt, qui voyagea dans toute l'Europe sous le nom de Samson.

Cet homme était d'une taille moyenne, bien proportionné, mais d'une musculature ne présentant rien de remarquable.

Désaguliers après l'avoir observé à plusieurs reprises, après

Fig. 3. — Expériences exécutées par le docteur Désaguliers.

l'avoir vu exécuter ses tours, fut persuadé que ceux-ci étaient plutôt le résultat de l'adresse que de la force.

Un jour notamment Désaguliers vint voir le nouveau Samson, accompagné de deux autres docteurs de ses amis et de son mécanicien. Ayant réuni leurs observations et fait quelques expériences, ils arrivèrent dès le soir du même jour à répéter eux-mêmes les tours de l'hercule.

Le docteur Désaguliers, bien qu'il ne fût que d'une force moyenne, put dans une séance, à la suite d'une communication faite sur ce sujet à la Société royale d'Angleterre, répéter lui-même devant la savante assistance une partie des tours exécutés par l'hercule allemand.

Ses expériences dont il a laissé la description consistaient à résister à la force de quatre, cinq ou six hommes, ou même de un ou deux chevaux.

Cette résistance ne dépend que de la position prise par l'expérimentateur. Celui-ci a les reins entourés d'une forte ceinture où est attachée la corde à l'aide de laquelle on essaie de l'entraîner. Cette corde passe par une ouverture à travers un bloc de bois sur lequel l'hercule appuie fortement ses pieds; ce bloc est vertical tandis que l'acteur est étendu sur une planche horizontale ou légèrement inclinée de haut en bas (fig. 3).

Dans cette position, la résistance des os et des muscles des jambes et du bassin est énorme, elle permet de supporter des tractions considérables.

Dans une autre expérience, Désaguliers attachant à la même ceinture une énorme corde fixée à un poteau et appuyant ses deux pieds sur celui-ci, par une simple action des muscles extenseurs brisait la corde et tombait sur un matelas placé au-dessous de lui à cette intention (fig. 3).

Un homme, d'après Désaguliers, les pieds reposant sur un tabouret, la tête placée sur une chaise et se trouvant ainsi le corps suspendu horizontalement au-dessus du vide, peut supporter un individu debout sur sa poitrine, il peut en supporter deux ou trois et même davantage. Rappelons à ce sujet qu'un hercule s'exhibant à l'Hippodrome, en 1883, portait, étendu dans cette même position, un canon paraissant très lourd, placé transversalement sur son corps. Un homme était debout sur le canon qu'un aide faisait partir.

Dans une autre expérience de Désaguliers, l'hercule étant couché sur le dos, un homme se place debout sur ses genoux, l'hercule alors se plie peu à peu, ses pieds restant à la même place, ses genoux se trouvent ainsi soulevés. Saisissant alors les jarrets de l'individu placé sur lui et l'inclinant quelque peu en arrière, il se redresse par une sorte de mouvement de bascule, et son corps quittant le sol prend une position horizontale à peu près à la hauteur de ses genoux (fig. 3).

Un homme de force moyenne peut porter de cette façon, avec un peu d'adresse et d'habitude, non seulement un seul individu, mais six, huit ou dix.

On voit quelquefois des acrobates soutenir ainsi une véritable pyramide humaine.

Un autre tour exécuté par l'hercule et répété par Désaguliers : le corps étant entouré d'une forte ceinture, comme dans une des expériences précédentes, mais l'expérimentateur étant debout sur une estrade, la corde passant entre ses pieds, peut supporter un poids considérable attaché à celle-ci, soit par exemple une pièce de canon, de lourdes pierres ou des barriques pleines d'eau (fig. 3).

L'hercule allemand montrait également sa force en courbant des barres de fer d'une grande épaisseur en forme de crochet et ensuite en les remettant droites.

Un peu plus tard, Désaguliers étudia un individu né à Londres en 1710, qui était d'une force prodigieuse. Thomas Topham, c'était le nom de cet hercule, ne mettait aucune ruse ni aucune fraude dans ses tours, les résultats qu'il obtenait n'étaient dus qu'à sa force physique.

Lorsque Désaguliers le vit, c'était un homme d'environ trente ans, d'une taille assez élevée, 5 pieds 10 pouces (anglais) (1m,78); proportionné, il avait des muscles très forts qui paraissaient au dehors; les jarrets, creux chez les autres individus, présentaient chez lui de forts ligaments qui faisaient saillie sous la peau.

« Il ignore entièrement l'art de faire paraître sa force plus surprenante, dit Désaguliers; il entreprend quelquefois des choses qui deviennent plus difficiles par sa position désavantageuse, tentant et faisant souvent ce qu'on lui dit que les autres hommes ont exécuté, mais sans profiter des mêmes avantages. »

C'est ainsi qu'ayant voulu exécuter l'exercice de l'hercule allemand que nous avons rapporté, résister contre la force de plusieurs hommes ou deux chevaux, Topham, qui ne connaissait pas les procédés de celui-ci, s'assit par terre en appuyant ses pieds contre deux étriers, et, saisissant la corde, il parvint à résister contre la traction d'un cheval.

Ayant voulu tenter la même expérience contre deux chevaux, il fut entraîné et blessé assez gravement aux genoux.

Or, dit Désaguliers, si Topham s'était mis dans une position avantageuse, il aurait pu résister non à deux, mais à quatre chevaux.

Une autre fois, placé sur une estrade, il souleva trois tonneaux pleins d'eau du poids de mille huit cent trente-six livres anglaises à l'aide d'une sangle passée autour de son cou.

S'il avait utilisé la force de résistance des jambes et des reins, comme l'Allemand, il eût pu résister à une force beaucoup plus considérable.

Désaguliers, dans son cours de physique expérimentale, rapporte, entre autres expériences de Topham, les suivantes :

Il levait avec les dents et maintenait dans une position horizontale une table de deux mètres à l'extrémité de laquelle se trouvait un poids d'un demi-quintal; deux des pieds de la table étaient appuyés sur ses genoux.

Prenant une barre de fer par les deux bouts et la passant derrière son cou, il en ramenait les deux extrémités en face de lui, puis il la redressait de la même manière. Il cassait une corde de cinq centimètres de diamètre qui, d'une part fixée à un poteau, tenait de l'autre à une courroie passant sur son épaule.

Il pouvait porter, avec ses mains seulement, un rouleau pesant environ 800 livres.

« Je l'ai vu, dit Désaguliers, élever avec ses mains seules un rouleau de pierre d'environ 800 livres, se tenant debout dans un châssis au-dessus et saisissant une chaîne qui était à la pierre ; par là je compris qu'il était à peu près deux fois aussi fort qu'aucun de ceux qui sont regardés communément comme les hommes les plus forts ; car ordinairement ceux-ci ne soulèvent pas plus de 400 livres, de cette manière. Les hommes les plus faibles qui se portent bien sans être trop gras élèvent environ 125 livres, ayant à peu près la moitié de la force des hommes les plus forts. »

Parmi les hommes les plus robustes de l'Angleterre, au siècle dernier, on cite Tom Johnson dont la force fut révélée au public par un acte de bienfaisance.

Il était portefaix à Londres, et son travail consistait à transporter des sacs de blé des rives de la Tamise au sommet d'une colline où se trouvaient les magasins ; il apprend qu'un de ses camarades, déchargeur comme lui, venait de tomber malade, laissant dans une profonde misère sa femme et ses enfants. Bien que ne connaissant pas celui-ci, Johnson, ému de pitié, consent, pour soulager cette misère, à faire double besogne : au lieu d'un sac de blé sur ses épaules, on lui en met deux, et le soir il porte le gain supplémentaire à la famille de son camarade. Quelquefois Johnson soulevait d'une seule main un sac de blé et le faisait passer autour de sa tête aussi facilement que dans les gymnases on exécute l'exercice du mil.

Johnson qui devint célèbre boxeur exécuta ce tour de force à la suite d'un assaut, afin de montrer combien il était peu fatigué de la lutte qu'il venait de soutenir.

Les porteurs des halles à Paris portent allègrement sur les épaules un sac de farine de 159 kilog., et, ainsi chargés, montent plusieurs étages.

L'un d'eux, à la suite d'un pari, fut chargé de trois sacs de farine, et put encore marcher sous ce fardeau. Une autre fois, il avait parié porter quatre sacs ; il résista quelques instants, mais tout à coup il s'affaissa sous cette énorme charge de 636 kilogrammes.

Il y a quelques années, une femme hercule, se glissant sous une voiture contenant six personnes, puis s'arc-boutant sur les mains et sur les genoux, soulevait ce lourd fardeau. Pour prouver que la voiture ne touchait plus au sol, un aide donnait une impulsion aux roues qui tournaient dans le vide pendant quelques instants.

On voit quelquefois des amateurs ou des hercules de profession se placer sous une table surchargée d'un poids de 8 à 900 kilogrammes, et la soulever.

Mais de tous les tours analogues, nous ne croyons pas qu'il y en ait eu de plus remarquables que ceux exécutés par un bûcheron des montagnes de la Margeride connu sous le nom de Lapiada (l'extraordinaire).

Cet homme, dont la force était légendaire dans le pays, avait un jour, dit-on, arrêté un taureau échappé et devenu furieux, et l'avait maintenu par les cornes pendant que des hommes accourus lui mettaient les entraves.

Par amusement il se couchait à plat ventre, plusieurs hommes se plaçaient sur son dos, et Lapiada parvenait toujours à se relever avec cette grappe humaine.

Si parfois un maladroit culbutait, Lapiada riait d'un gros rire qui faisait trembler les vitres.

Mais le tour le plus extraordinaire exécuté par le bûcheron fut de se mettre sous une charrette chargée de foin et de la soulever, ses mains arc-boutées d'abord sur ses genoux, puis remontées peu à peu sur ses hanches, et de se tenir debout, donnant le curieux spectacle de la lourde masse de fourrage maintenue en équilibre sur un aussi faible support que deux jambes humaines.

Lapiada a terminé son existence d'hercule dans un suprême effort. Voulant charger à lui seul dans un char un énorme tronc d'arbre, il le saisit, ses muscles se raidissent, mais le sang lui sort par la bouche et par les narines, et il dut s'avouer vaincu.

La fin de Lapiada présente quelque analogie avec celle du célèbre athlète Polydamas, victime également de son trop de confiance dans sa force musculaire.

On raconte que, s'étant réfugié avec quelques amis dans une grotte, pour fuir la chaleur du jour, tout à coup le plafond de la grotte se fend et menace de s'effondrer.

Polydamas confiant dans sa force ne veut pas fuir comme ses camarades; il s'arc-boute, veut soutenir la montagne, et meurt écrasé par celle-ci.

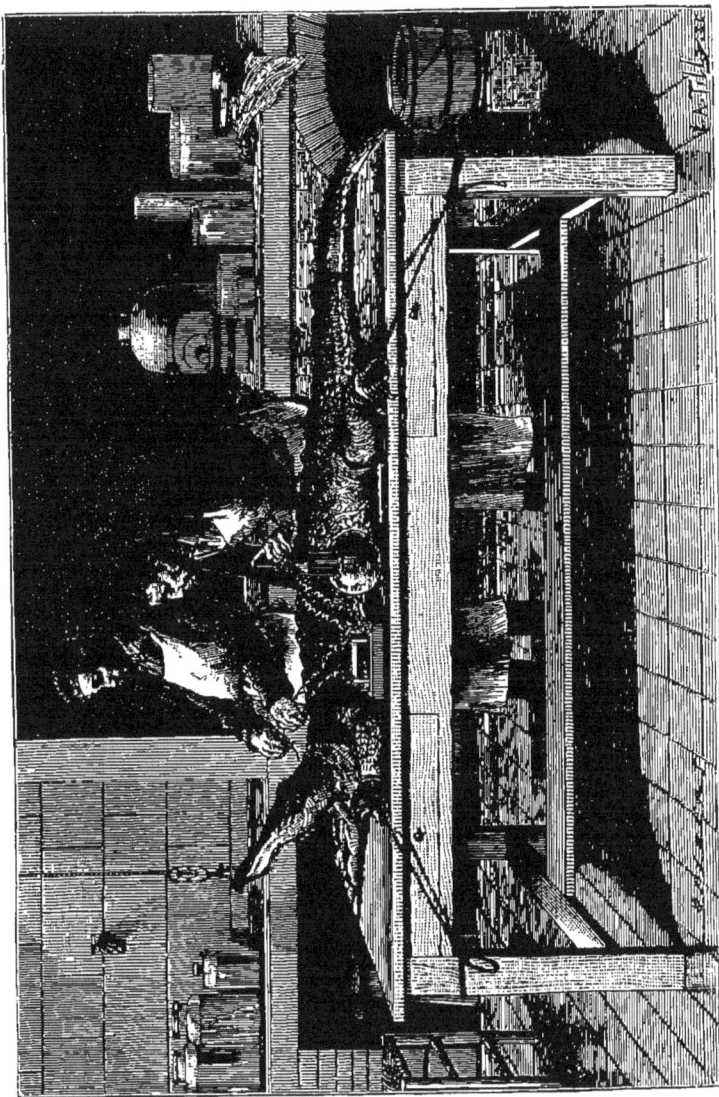

Fig. 4. — Expérience exécutée au laboratoire de la Sorbonne sur la force de la mâchoire d'un crocodile.

CHAPITRE III

FORCE DE LA MACHOIRE

La mâchoire d'un crocodile. — La mâchoire humaine. — Le seau d'eau. —
L'enclume. — Un canon. — Un cheval et son cavalier. — Couper un clou.
— Porter un tonneau.

La pression que les différents animaux vertébrés peuvent
exercer entre leurs mâchoires est toujours considérable, mais
chez ceux se nourrissant de proies vivantes, ou chez lesquels la
bouche est un moyen d'attaque, est une arme, cette pression
atteint un degré qui semble en disproportion avec le poids du
corps.

Dans les curieuses expériences faites à la Sorbonne par MM. les
docteurs Regnard et Blanchard sur la force de la mâchoire des
crocodiles (fig. 4), les savants expérimentateurs ont trouvé que
la pression exercée entre les deux mâchoires dans la région correspondant à l'insertion des muscles masséter atteignait 700 kilogrammes, alors que le poids de l'animal n'était que de 55 kilogrammes. Répétant la même expérience sur un chien du poids
de 20 kilogrammes, la pression calculée au même endroit était
de 165 kilogrammes.

Chez les carnassiers de grande taille, le lion, le tigre, la
pression dépasse probablement 800 kilogrammes. La mâchoire
des singes anthropoïdes, notamment celle du gorille, qui broie
des fruits à coque épaisse, des noix de coco avec la même facilité
que nous cassons une noisette, semble pouvoir donner une
pression de 150 à 200 kilogrammes.

La force de la mâchoire est aussi très développée chez l'homme, surtout chez certaines personnes. Un homme adulte exerce facilement entre ses dents une pression de 20 à 30 kilogrammes. Chez d'autres individus plus robustes cette pression peut atteindre 50, 60 et même 70 kilogrammes. Casser des noyaux d'abricots entre leurs dents n'est qu'un jeu pour quelques individus.

Supporter avec les dents un poids relativement très lourd attaché à un objet, mouchoir, ou plaque de cuir, est un tour que l'on voit journellement exécuter; dans ce cas, ce sont non seulement les muscles de la mâchoire qui agissent pour presser le mouchoir ou la plaque de cuir et l'empêcher de glisser, mais aussi les muscles du cou, qui résistent à la traction opérée sur eux par le poids à supporter.

Un tour de force exécuté assez souvent par les jeunes gens de la campagne consiste à passer un mouchoir dans l'anse d'un seau rempli d'eau, à le saisir avec les dents et à soulever de terre le seau de cette façon ; beaucoup de jeunes gens réussissent dans cet exercice, d'autres ne peuvent y parvenir, et quelques-uns, soit par suite de maladresse, ayant mal saisi le mouchoir ou donné une secousse trop brusque, y laissent parfois une ou plusieurs dents. — Ce tour revient en somme à tenir avec la mâchoire un poids d'une quinzaine de kilogrammes.

Des hercules forains exécutent le même tour avec des poids de 20 kilogrammes ; l'un d'eux, que l'on peut voir souvent sur les places de Paris, tenant le poids par l'intermédiaire d'un mouchoir, le balance et, par un mouvement brusque, le lançant en l'air, le fait retomber sur ses épaules.

Un jeune forgeron dans un village d'Auvergne exécutait le tour de force suivant : s'approchant de la plus grosse enclume de la forge, il la saisissait entre ses dents par une extrémité et, appuyant fortement ses mains sur ses hanches, d'un violent effort il la soulevait et la dressait verticalement sur le billot.

· Un autre tour exécuté par ce même jeune homme consistait à soulever un homme couché par terre entouré d'une ceinture

faite d'une grosse corde dont le jeune homme saisissait fortement un bout entre ses mâchoires. Il fallait qu'il se penchât très
près du sol pour saisir la corde; alors, s'arc-boutant sur ses
jambes et appuyant ses mains sur ses hanches, il se redressait
lentement et parvenait à la position verticale, soutenant toujours
entre ses dents l'homme qui se tenait horizontalement.

Ce tour prouvait non seulement une force de la mâchoire considérable, mais encore une force au moins proportionnelle dans
les muscles des reins et dans les extenseurs des jambes.

Aux arènes athlétiques de Paris, un hercule se tenant debout
portait avec ses dents une pièce de canon qu'un aide faisait partir,
mais de plus cet homme tenait à bout de bras dans chaque main
en ce moment deux poids de 20 kilogrammes.

Supporter le poids d'un homme avec la mâchoire est en somme
un tour de force relativement facile pour les acrobates et hercules de profession.

On voit quelquefois des gymnastes se laisser enlever jusqu'à
leur trapèze placé au faîte du cirque à l'aide d'une corde, passant
sur une poulie, dont une des extrémités est terminée par une
plaque de cuir qu'ils saisissent entre leurs dents, tandis que
l'autre est tirée par des aides.

Miss Kerra, une jeune fille mulâtre qui s'exhibait au cirque
d'hiver, pendue par les jambes aux cordes d'un trapèze, supportait
un homme à la ceinture duquel était attachée une plaque de
cuir que la jeune fille tenait entre ses dents et le faisait tourner
rapidement dans cette position.

La même jeune fille portait de la même façon une pièce de
canon que l'on faisait partir. Ce dernier exercice, exécuté par un
certain nombre d'hercules, a donné lieu notamment à un accident dont nous trouvons la relation dans un journal de province
de 1882 :

« A Épernay, le sieur Bucholtz, dit l'Homme-Canon, étant sur
un trapèze, soulevait avec ses dents une pièce de canon en fonte,
longue d'environ 1 mètre et pesant 90 kilos. Au moment où on
mettait le feu à cette pièce elle éclata, et plusieurs morceaux, tra-

versant la toile de la baraque, furent projetés à une cinquantaine de mètres de là.

« Une panique s'ensuivit parmi les spectateurs. Plusieurs personnes furent blessées. »

Il y a quelques années (1879), un hercule nommé Joignery exécutait à l'Hippodrome des tours de force extraordinaires.

C'est ainsi qu'il prenait une pièce de canon paraissant fort lourde, l'épaulait comme un fusil, et c'est dans cette position que le coup partait.

Mais ce qui semblait beaucoup plus merveilleux, c'était de le voir suspendu par les jarrets à un énorme trapèze, soutenir avec ses dents, pendant quelques minutes, un cheval et son cavalier, et cela sans qu'on pût supposer aucune supercherie.

Un serrurier du faubourg du Temple (passage Piver) à Paris a, à la suite d'un pari, soutenu pendant quelques instants, à l'aide d'un mouchoir tenu entre ses dents, une des enclumes de son atelier, du poids de 60 kilogrammes.

On voit quelquefois des forgerons ou des serruriers coupant avec leurs dents, par bravade ou par suite de gageure, des clous carrés de trois à quatre millimètres de côté (clous à ferrer les chevaux) en les saisissant par la partie la plus épaisse.

Il y a aussi des exemples de prisonniers fortement ligotés avec de grosses cordes parvenant à couper leurs liens par la seule action de leurs dents.

Un acrobate exécutait ce tour en public de la façon suivante : il saisissait un bout de corde de trois à quatre centimètres de diamètre, plaçait la partie moyenne dans sa bouche, se couvrait la tête d'un mouchoir, et quelques secondes après montrait le bout de corde coupé dans son milieu.

Ce tour demande, outre une certaine force de résistance dans la mâchoire, de l'adresse, car les dents agissent dans ce cas par un mouvement latéral très rapide, comme les incisives des rongeurs.

Un des hercules, faisant preuve d'une force des plus extraordinaires de la mâchoire, exécute notamment le tour de force suivant :

Cet homme, de taille moyenne, ayant des muscles qui, sans

présenter un développement remarquable, sont bien apparents ;
après avoir porté des poids de 20 kilogrammes, exécuté avec les
haltères les tours qui sont pour ainsi dire traditionnels, place
sur deux tréteaux une barrique, fait mettre sur celle-ci huit poids
de 20 kilogrammes, un homme se place à cheval sur le tonneau,

Fig. 5. — Hercule forain soulevant avec ses dents un tonneau chargé de poids
et d'un homme.

et l'hercule, appliquant sa mâchoire sur le rebord de celui-ci, à
l'autre extrémité, se renverse légèrement en arrière et maintient
soulevé pendant quelques instants cet énorme fardeau.

C'est, croyons-nous, le tour de force de la mâchoire le plus extraordinaire qui ait jamais été exécuté. Or l'hercule le répète à
toutes ses séances; celles-ci ont lieu sur les places publiques, les
carrefours, aux fêtes foraines de Paris et de la banlieue (fig. 5).

CHAPITRE IV

FORCE DES MAINS

Mademoiselle Gauthier. — Casser des noisettes. — La pièce de monnaie. — Barsaba et le Gascon. — Le galérien de Maubeuge. — Le maréchal de Saxe et le forgeron. — Lacoupia. — Les dentistes japonais. — Un dynamomètre improvisé.

Quelques personnes présentent une force de la main ou des doigts quelquefois en disproportion avec la force physique de leur corps.

C'est ainsi que l'on voit des femmes maintenir dans une de leurs mains celles d'un homme robuste, la serrer d'une telle force que l'homme est obligé de s'avouer vaincu.

On cite à ce sujet la force extraordinaire d'une actrice de la Comédie-Française, Mademoiselle Gauthier : elle roulait dans ses doigts une assiette d'argent et en faisait un gobelet; elle brisait une pièce de monnaie.

Enfin elle manqua vaincre le comte de Saxe, l'un des hommes les plus forts de son temps, qui ne parvint qu'avec infiniment de peine à lui faire plier le poignet; il avoua que de toutes les personnes qui s'étaient essayées contre lui, mademoiselle Gauthier était celle qui lui avait tenu tête le plus longtemps.

Le comte de Saxe était cependant d'une force peu commune. On raconte de lui qu'un jour offrant une collation à ses invités, pendant une partie de chasse à Chantilly, on ne trouva pas de tire-bouchons : il se fit apporter un long clou, le roula en hélice autour de son doigt et se servit devant les seigneurs émerveillés de cet appareil improvisé.

La force que peuvent développer les doigts est en effet beaucoup plus grande qu'on ne l'imaginerait au premier abord.

Les personnes qui brisent entre le pouce et l'index une noix développent une pression de 12 à 15 kilogrammes.

Celles qui broient une noisette exercent une pression de 25 à 30 kilogrammes.

Celles qui peuvent briser de la même façon un noyau d'abricot développent une pression de 30 à 40 kilogrammes.

Enfin les hercules qui parviennent à plier entre deux doigts une pièce de monnaie indiqueraient au dynamomètre une puissance de 60 à 70 kilogrammes.

Voici quelques exemples d'individus ayant fait preuve d'une force remarquable dans les doigts ou dans les mains.

Le major Barsaba dont nous avons déjà parlé, se trouvant un jour à la table de son général, prit une assiette d'argent et en fit un gobelet.

Un Gascon qu'il avait raillé dans la conversation lui proposa un cartel. — Volontiers, lui répondit Barsaba, touchez là. Le Gascon donna la main, et le major la pressa de telle sorte qu'il lui brisa les os et le mit hors d'état de se battre. Ce qui, il faut le remarquer, n'était pas très délicat de sa part.

En 1719, un jeune homme d'une vingtaine d'années, condamné aux galères, brisa ses fers chemin faisant et prit la fuite ; il fut arrêté de nouveau et ramené dans les prisons de Maubeuge. Il fut impossible, quelque moyen que l'on prît, de l'y tenir enchaîné ; il rompait chaînes et fers en aussi peu de temps qu'il fallait pour les lui appliquer.

On lui en appliqua d'autres beaucoup plus forts et forgés avec tout le soin possible, il les rompit aussi facilement que les premiers; on en imagina d'une nouvelle espèce qui ne réussirent pas mieux; le magistrat lui en fit mettre d'autres choisis spécialement et cela en sa présence; l'opération finie, le magistrat sortit et le prisonnier jeta quelques instants après les débris de ses fers à la figure du geôlier qui venait lui apporter à manger. On le crut muni d'un talisman ou d'un pouvoir magique et on l'accusa de sorcellerie.

Mais, ayant remplacé les fers par de simples cordes, il ne put briser celles-ci.

On attribue au célèbre maréchal de Saxe l'anecdote suivante :

Voulant un jour donner une preuve de sa force à quelques personnes, le maréchal de Saxe entra chez un forgeron sous le prétexte de faire ferrer son cheval, et comme il trouva plusieurs fers préparés : « N'en as-tu pas de meilleurs que ceux-ci ? » dit-il à l'ouvrier, et le maréchal prenant un fer le rompit entre ses doigts, puis successivement il saisit les autres et les brisa de la même façon.

Le forgeron admire en silence ; le maréchal feignit d'en trouver un bon qui fut mis au pied du cheval.

L'opération faite, il jeta un écu de six livres sur l'enclume.

— Pardon, Monsieur, dit le forgeron, je vous ai donné un bon fer, il faut me donner de bons écus de six francs.

En disant ces mots, il rompit l'écu en deux et en fit autant de cinq ou six autres qui furent présentés.

— Parbleu, tu as raison, dit le maréchal, je n'ai que de mauvais écus ; mais voici un louis d'or qui, j'espère, sera bon.

Le forgeron prit la pièce et s'inclina.

Il existe actuellement dans un petit village du Cantal un boucher, connu du reste sous le sobriquet de La Coupia (le brutal), qui souvent, pour montrer la force phénoménale de ses doigts, étrangle, en leur serrant la gorge, des veaux ou des moutons. On rapporte qu'un jour, appuyant ses mains sur l'épaule d'un hercule de foire, par la pression qu'il exerça, il lui fit perdre connaissance.

Les dentistes japonais font preuve d'une force des doigts et d'une adresse merveilleuses, et voici, au dire d'un voyageur, la façon dont ils opèrent et l'apprentissage auquel ils se soumettent pour arriver à ce résultat :

« C'est délicatement, dit ce voyageur, entre le pouce et l'index que le dentiste japonais vous extrait une ou plusieurs molaires.

« Il faut naturellement une grande pratique pour en arriver à ce point d'habileté. Pour l'obtenir, l'élève dentiste fait un apprentissage chez un maître ; il doit s'exercer longtemps à enlever des pointes de bois enfoncées dans des planches, tendres d'abord, puis ensuite solidement fixées à coups de marteau dans du bois de chêne.

« Quand l'élève, par un seul effort et sans secousse aucune, peut enlever une de ces dents de bois, alors on peut lui offrir n'importe quelle mâchoire humaine, aucune dent ne lui résistera. »

Il peut être intéressant pour beaucoup de personnes d'apprécier la force qu'elles possèdent dans leurs doigts et dans leurs mains. Les anthropologistes et les physiologistes se servent pour cela de dynamomètres appropriés à la forme des doigts et des mains et agissant par pression ; mais, à leur défaut, il est facile d'improviser un appareil qui pourra donner des résultats tout aussi précis que les instruments spéciaux. En effet, dans la plupart des ménages on trouve un peson à ressort, ou une romaine, servant à vérifier le poids des denrées. Supposons que ce soit un peson ; pour le faire servir à l'appréciation de la force de la main et des doigts, on le disposera de la façon suivante :

1º Pour chercher la pression qu'on est susceptible d'exercer *entre le pouce et l'index*, on fixe le peson au barreau supérieur d'une chaise, on passe l'index dans une boucle de corde attachée au barreau inférieur de la chaise et le pouce sous une boucle de corde attachée au crochet du peson et de longueur convenable, bien entendu ; en essayant de rapprocher le pouce de l'index, on entraîne le ressort du peson, et l'aiguille indique en kilogrammes la traction qui a été opérée sur celui-ci. Voici, à la suite d'expériences de ce genre, les résultats que nous avons trouvés :

Des enfants de huit à dix ans exercent entre le pouce et l'index une pression de cinq à six kilogrammes.

Des jeunes filles de quatorze à seize ans exercent une pression de six à huit kilogrammes.

Des femmes adultes non habituées aux travaux manuels donnent de dix à douze kilogrammes.

Des femmes de la campagne habituées aux travaux des champs ont donné de quinze à vingt kilogrammes. C'est également ce chiffre que nous avons obtenu sur des hommes adultes de professions libérales.

Chez les hommes adultes habitués aux travaux manuels, les laboureurs, les maçons et surtout les forgerons, la pression varie de vingt à trente kilogrammes. Ce n'est qu'exceptionnellement que l'on rencontre des individus pouvant exercer, entre le pouce et l'index, des pressions pouvant dépasser trente kilogrammes.

Ce sont ces individus qui peuvent casser facilement une noisette entre leurs doigts et avec un peu plus de peine briser un noyau d'abricot, ou qui peuvent encore répéter le tour de certains hercules, soulever un poids de vingt kilogrammes en le prenant par son rebord du côté de l'anneau ou par l'intermédiaire d'une pièce de 50 centimes tenue entre les doigts.

On entend par force de la main la pression que celle-ci peut exercer entre les doigts fermés et la base du pouce. On peut s'en rendre compte au moyen du peson disposé d'une façon analogue à celle que nous avons indiquée plus haut; seulement les boucles de corde dans lesquelles on passera les doigts seront naturellement plus larges, la corde devra être plus grosse et pourra reposer sur une petite plaque de cuir.

Dans ce cas on trouvera qu'un homme d'une vingtaine d'années développe avec la main droite seule une pression de quarante kilogrammes, avec la main gauche une pression de trente-cinq kilogrammes environ, et avec les deux mains réunies la pression pourra être de soixante-quinze à quatre-vingts kilogrammes.

Chez un homme de trente à trente-cinq ans, c'est-à-dire ayant son maximum de développement, la pression des mains atteindra en moyenne, main droite quarante à quarante-cinq kilogrammes, main gauche trente-cinq à quarante, les deux mains réunies de quatre-vingt à quatre-vingt-dix.

On estime la force des mains de la femme les deux tiers de celle de l'homme du même âge et recevant la même nourriture.

Mais, comme nous l'avons déjà dit, la force des mains ne peut faire préjuger de celle du corps ; on voit de frêles jeunes filles casser des noisettes entre leurs doigts, et nous avons vu une jeune femme de constitution délicate prendre la main de son mari dans l'une des siennes et la serrer avec une telle force qu'elle l'obligeait à se mettre à genoux et à demander grâce.

CHAPITRE V

ADRESSE ET FORCE. — FAUX HERCULES

Courber une barre de fer. — Les casseurs de cailloux. — Courber une pièce de monnaie. — Allumer le feu sur l'enclume. — Couper une corde. — Le bloc de plomb. — Les faux hercules. — Les poids de carton. — Porter quatre chevaux.

Souvent des hercules exécutent en public des tours qui tiennent autant de l'adresse que de la force; ainsi on en voit courber une barre de fer de 1 centimètre et demi à 2 centimètres de diamètre en la frappant contre leur bras après lui avoir donné une grande impulsion; ils parviennent de cette façon en une dizaine de coups à plier cette barre presque à angle droit.

Ensuite, la frappant dans le sens inverse, ils la redressent peu à peu.

Ce tour a été exécuté notamment au cirque de M. Molier par un jeune amateur, M. de Saint-M., qui, malgré sa haute position dans les finances, est doué d'une force telle qu'il pourrait se mesurer avec succès contre n'importe quel hercule de profession.

Pour plier ainsi une barre de fer, il faut naturellement posséder une très belle force physique, mais en outre avoir une certaine adresse.

La barre qui mesure environ un mètre de longueur, tenue par une de ses extrémités dans la main droite, rencontre environ au tiers inférieur de sa longueur le bras gauche recouvert d'un cuir épais.

Il en résulte que toute l'extrémité supérieure de cette barre, grâce à l'impulsion qui lui est donnée, agit comme levier et double la force tendant à sa courbure. Quand le choc donné par l'hercule équivaut à une pression de dix kilogrammes par exemple, la force tendant à courber la barre dépasse vingt kilogrammes.

C'est grâce à ce petit calcul de mécanique que les hercules réussissent ce tour qui au premier abord semble si extraordinaire.

Plier sur un doigt une pièce de monnaie est un joli tour d'adresse et de force qui s'exécute de la façon suivante :

L'individu pose son index sur une table, et sur ce doigt place en équilibre une pièce de monnaie, 1 franc ou 10 centimes, et de l'autre main donne sur la pièce un violent coup de poing ; la pièce se courbe, se moule, pour ainsi dire, sur la face extérieure du doigt.

Naturellement, pour exécuter ce tour, il faut une certaine résistance dans l'index et pouvoir donner un coup de poing suffisant.

Les forgerons qui allument leur feu en frappant un morceau de fer placé sur leur enclume exécutent un exercice qui tient autant de la force que de l'adresse.

Un forgeron d'un petit village de Bourgogne disait les matins d'hiver à ses ouvriers : « Allons, mes enfants, échauffons-nous en allumant notre feu. » Alors sur l'enclume il plaçait quelques copeaux, des fanfreluches et au milieu un morceau de fer gros environ comme un œuf et sur lequel les ouvriers frappaient à tour de bras et à coups redoublés. En quelques instants, le morceau de fer devenait incandescent et allumait les menus morceaux de bois avec lesquels il était en contact. Les enfants en allant à l'école s'arrêtaient pour voir allumer le feu sur l'enclume.

Les hercules qui brisent un caillou en le frappant d'un coup de poing emploient divers procédés. Ils ont soin, d'abord, de choisir une pierre qui ne soit pas d'une résistance dépassant leurs moyens ; les grès siliceux à veines ferrugineuses sont particulièrement commodes pour cet exercice ; il en est de même des granits ayant subi un commencement d'altération, de certains calcaires tendres, etc. De plus la pierre ne doit pas avoir une trop grande épaisseur.

Les uns tiennent d'une main la pierre à briser légèrement soulevée au-dessus d'une surface résistante, un pavé ou une enclume et frappent de l'autre main le poing fermé, et c'est le choc de la pierre contre le corps dur qui fait que celle-ci se brise en morceaux (fig. 6).

D'autres fois, la pierre est simplement posée à plat ; l'individu frappe un coup sec et la pierre vole en éclats.

Mais toujours l'acrobate a soin d'examiner le sens de sa pierre et de la frapper de façon à ce qu'elle se rompe suivant ses lignes de moindre résistance.

Par un tour de force analogue, on peut rompre une corde d'un assez gros diamètre qui résisterait à une traction exercée à l'aide des deux mains, quelque fort qu'on soit ; il suffit pour cela d'enrouler la corde autour de ses mains de la manière suivante :

La main gauche étendue horizontalement la paume en dessus, on place transversalement sur le milieu de cette main la corde que l'on veut rompre, les deux bouts pendent de chaque côté ; on saisit celui du côté du petit doigt et, le passant sous l'autre, on l'enroule autour de l'index et du majeur ; l'autre extrémité est alors ramenée sur la main, du côté de l'index et se trouve maintenue dans une espèce d'anse. La main gauche est fermée, le bout pendant est enroulé autour de la main droite, on donne une secousse violente et la corde se rompt dans l'entrelacement formé par les deux parties (fig. 7).

Naturellement la personne qui exécute cette expérience ne semble pas, en enroulant la corde autour de sa main, la mettre dans une position rendant sa rupture plus facile.

Cette petite expérience est non seulement curieuse, mais elle est utile à connaître, et peut rendre des services quand on a à briser une corde et qu'on ne possède aucun instrument tranchant pour arriver à ce résultat.

On sait que rompre un jeu de cartes ou une épaisseur analogue de papiers ou de cartons superposés exige un effort considérable. A l'aide d'un petit truc, on réussit cependant très facilement ce tour de force.

Fig. 6. — Saltimbanque cassant des cailloux d'un coup de poing.

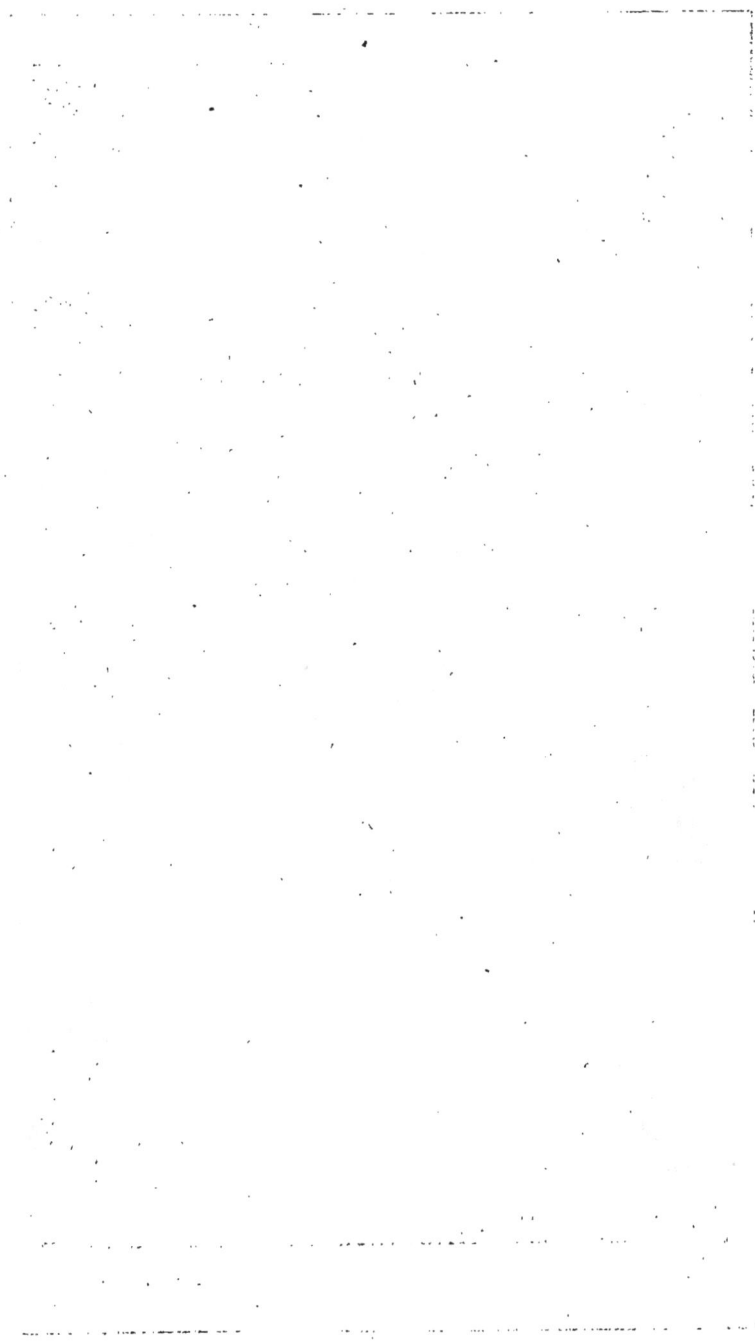

Il suffit pour cela de faire une petite déchirure au milieu d'un côté d'une ou des deux premières cartes du jeu.

Ce simple commencement d'exécution facilite extraordinairement la rupture de tout le jeu en rendant successive la déchi-

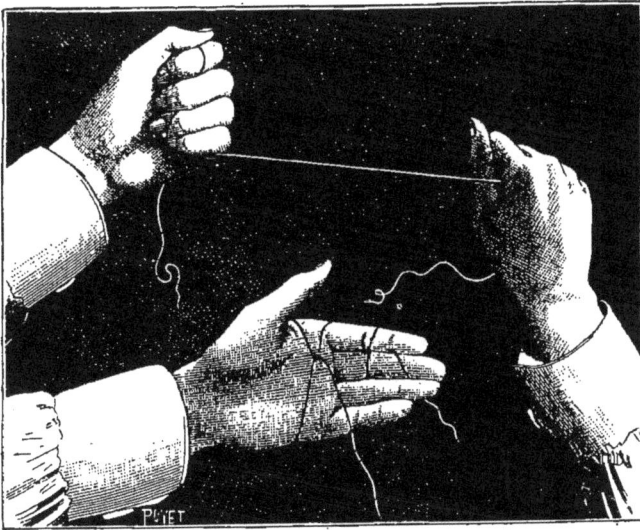

Fig. 7. — Manière de rompre une corde avec les mains.

rure de chaque carte : l'effort ne porte que sur une seule de celles-ci à la fois.

C'est une application du même principe que celui d'après lequel un faisceau résiste à la rupture, tandis qu'il est facile de rompre une à une les baguettes dont il est composé.

Voici un tour exécuté par un acrobate, il y a quelques années, et qui semble dénoter autant de force que d'adresse.

Le saltimbanque anglais exécutant ce tour avait, sur une table placée en face de lui, un lourd bloc de plomb du volume de la tête d'un homme. Il était armé d'un grand sabre, qu'il faisait tournoyer autour de sa tête, quand tout à coup, frappant son bloc de plomb d'un coup extrêmement rapide, il en enlevait une rondelle plus ou moins mince, dont la coupe avait la même netteté que s'il se fût agi d'un simple bloc de fromage.

Or, pour couper un pareil morceau de plomb à l'aide d'un couteau et en agissant lentement, il aurait fallu une pression énorme, bien difficile à réaliser pratiquement.

Il y avait là un effet d'inertie très curieux et très intéressant.

Les faux hercules. — Parmi les individus montrant leur force en public, dans les cirques ou sur les théâtres, quelques-uns emploient des procédés pour faire croire à une force plus grande que celle qu'ils possèdent en réalité.

On connaît ces cartonnages représentant des haltères de 50 kilogrammes ou d'énormes poids de fonte et qui en réalité ne pèsent que quelques grammes.

L'un de ces faux hercules eut un jour le malheur de laisser tomber dans l'orchestre un de ces poids de carton qui naturellement ne blessa personne, mais provoqua une hilarité générale dans le public.

Beaucoup ne poussent la fraude que jusqu'à avoir des poids de bois ou des poids de fonte creux ; parfois, lorsqu'ils les posent à terre, un compère fait sonner dans la coulisse un poids de fonte véritable.

Les hercules qui prétendent porter des poids manifestement plus lourds que ne le permet l'organisme humain emploient des trucs plus ou moins ingénieux.

Nous ne citerons que l'un d'eux, qui, suspendu par les jarrets à un trapèze, saisissait une sorte de cadre aux quatre coins duquel des sangles soutenaient un cheval et son cavalier, et il semblait soutenir cet énorme poids de quatre chevaux et de quatre cavaliers.

Or, pour un homme ordinaire, il en eût résulté un rapide écartèlement.

Mais l'expérience devenait toute simple si l'on supposait à cet individu un simple fil d'acier dissimulé sous ses vêtements et relié d'une part au trapèze et de l'autre au cadre.

Dans ce tour la force de l'homme n'était pour rien.

CHAPITRE VI

PHYSIOLOGIE DES HERCULES

Les muscles. — Leur mode d'action. — La compression des muscles. — Influence de la respiration sur la force. — Les nains-hercules. — La nourriture des athlètes. — L'entraînement.

Physiologie des hercules. — Les muscles sont constitués par des fibres qui en forment la partie active.

Ces fibres, d'une extrême ténuité, examinées au microscope, sont formées de parties alternativement de couleur claire ou foncée.

Sous l'influence de l'action nerveuse les parties foncées se rapprochent, la partie claire s'élargit, déborde des deux côtés, la fibre se fronce, elle diminue de longueur et tend à rapprocher les deux points auxquels elle est fixée par ses extrémités, c'est-à-dire en général deux os réunis par une articulation.

Plusieurs fibres juxtaposées forment un faisceau, et l'ensemble des faisceaux constitue le muscle.

Le muscle sera d'autant plus fort qu'il contiendra plus de fibres, qu'il sera plus volumineux.

Cependant, entre les faisceaux de fibres, entre les muscles, se trouvent du tissu cellulaire, du tissu adipeux, de la graisse, qui non seulement peuvent donner du volume aux muscles sans que la force de ceux-ci devienne proportionnelle à ce volume, mais qui de plus, s'interposant comme corps élastiques dans l'acte de la contraction des fibres et par suite du muscle, diminuent l'effort que celui-ci est susceptible de produire.

Il en résulte que la musculature de l'homme d'une force considérable est caractérisée par l'absence de tissu cellulaire et de tissu graisseux, par la saillie des différents muscles sous la peau, par la netteté de leurs contours et aussi par la grosseur et la saillie des tendons dans le voisinage des articulations.

Les tendons étant, comme on le sait, les intermédiaires par lesquels les muscles agissent à distance, il est permis de préjuger par la grosseur de chacun de ces tendons de la puissance du muscle qui le fait agir.

Chaque muscle est enveloppé d'une sorte de gaine, d'un tissu extrêmement résistant, ce sont les aponévroses. Quand le muscle se contracte, il se trouve pressé dans cette gaine et sa puissance en est augmentée.

Si l'aponévrose a été lésée, par exemple à la suite d'une blessure, quand le muscle se contracte, il fait saillie par cette lésion et n'a plus que très peu de force.

Cette action de la compression des muscles sur leur puissance est utilisée par les hercules.

La plupart de ceux-ci ont des espèces de bracelets en cuir fortement serrés qui leur compriment les muscles du bras et leur maintiennent les tendons du poignet.

Quelques-uns, quand il s'agit d'exécuter des tours de force exigeant le développement de toute leur énergie, se serrent les bras et même les jambes soit au moyen de bandes de toile ou d'enveloppes de cuir ou de tissu fortement lacées.

Par ce moyen, leur force se trouve augmentée dans une très grande proportion.

Les joueurs de flûte romains augmentaient considérablement la puissance de leur souffle au moyen du capistérium ; c'était une large bande de cuir qui, passant sur leurs lèvres et attachée derrière la tête, comprimait leurs joues.

Dans les efforts violents et de courte durée, l'homme, pour donner son maximum de force, a besoin d'avoir la poitrine gonflée d'air. Ce fait a été mis en évidence au commencement du siècle par un officier anglais, le major H..., au moyen de curieuses expériences.

Voici la description de l'une de celles-ci par un témoin oculaire : « La personne la plus pesante de la société se met sur deux chaises qui supportent l'une ses reins et l'autre ses jambes. Quatre personnes alors, une à chaque jambe et une à chaque épaule, s'efforcent de l'enlever, et ne réussissent qu'avec beaucoup de difficulté. Alors ces personnes, se remettant dans la même position, mais faisant à un signal donné une forte aspiration aussi longue et aussi prolongée que possible, et, pendant celle-ci, essayant de soulever le corps de la personne, réussissent avec une facilité qui surprend beaucoup ceux qui exécutent cette expérience pour la première fois. »

On peut exécuter ce tour d'une façon plus saisissante encore en soulevant un individu sur les index de cinq personnes.

Le sujet étant placé horizontalement la tête et les pieds appuyés sur deux chaises, les cinq personnes l'entourent et placent leurs index à des distances égales, deux d'entre elles soutenant le corps sur leurs quatre index, deux autres soutenant les jambes, et la cinquième soutenant la tête ; ou bien le sujet étant debout et les dix index répartis de façon à le maintenir dans la position verticale, tout en le soulevant.

Avec un sujet de poids moyen, sept doigts répartis comme le montre la figure 8 peuvent suffire pour le soulever.

Les opérateurs éprouvent beaucoup moins de difficulté à exécuter ce tour de force quand ils ont les poumons remplis d'air que lorsque ceux-ci sont dans une période d'expiration.

Le gonflement des poumons pendant les efforts violents agit en fournissant un point d'appui fixe et résistant aux muscles qui s'insèrent d'une part sur les côtés de la poitrine et sur les scapulums, de l'autre sur l'articulation de l'épaule ou sur l'humérus. La puissance de ces muscles est beaucoup moins grande pendant la période d'expiration de l'air des poumons.

Le gymnaste qui soulève des haltères, l'hercule qui soulève

des poids, font toujours une aspiration profonde avant de raidir leurs muscles.

Le major H... prétendait qu'il était nécessaire, pour que l'expérience réussît, que la personne soulevée eût également ses poumons gonflés; il semblait attribuer à cela une espèce d'allègement dans le poids du corps provenant d'une diminution de la densité de celui-ci. C'était une erreur.

Si le gonflement de la poitrine de la personne soulevée rend plus facile la tâche de ceux qui la soutiennent, ce ne peut être que parce que cette personne se tient plus raide, résiste mieux à l'inégalité des pressions dont elle est l'objet, et nullement par suite d'une diminution de sa densité.

Désaguliers fait ressortir dans son étude l'énorme force de résistance des os à la rupture dans le sens de leur longueur.

Il estime que les os des cuisses et des jambes peuvent résister à une pression de quatre à cinq mille livres (1810 à 2,265 kilogrammes). Les os du bassin notamment forment une double voûte d'une force encore bien plus considérable.

Cela explique comment un homme peut résister à la traction de plusieurs hommes, d'un ou deux chevaux, ou supporter des fardeaux énormes, des pièces de canon, des tonneaux pleins d'eau ou des masses quelconques dont le poids dépasse 1000 et 1,500 kilogrammes, pourvu toutefois que la traction s'exerce parallèlement aux membres inférieurs.

Comme exemple de résistance des os des jambes et du bassin, on peut citer ce fait : on voit des femmes dans certaines opérations chirurgicales résister à la traction de cinq, six et même dix hommes.

Désaguliers, comparant la force de Topham à celle des autres individus, disait :

Un homme très faible peut exercer un effort de 56 kilog.; un homme très fort, dans les mêmes circonstances, exercera un effort de 181 kilog.

L'effort exercé par Topham était de 362 kilog.; or Topham pesait 90 kilogrammes.

Désaguliers avait ainsi essayé d'établir un rapport entre la taille, le poids des individus et leur force physique. En réalité, ce rapport n'existe pas et, à côté de géants doués d'une force proportionnée à leur taille, l'on voit des individus très petits,

Fig. 8. — Un homme soulevé au moyen de sept doigts.

de véritables nains, donnant des preuves d'une force physique égale parfois à celle des géants les plus robustes.

Un des porteurs des halles, parmi les plus forts, est le *petit Joseph*, dont la taille ne dépasse pas 1ᵐ,40, mais dont la vigueur, la force et l'audace sont légendaires dans le quartier.

Il porte facilement deux sacs de farine sur son dos, et lorsqu'un de ses grands confrères trouve un fardeau trop lourd, le *petit Joseph* est content de l'humilier en s'en chargeant.

Un des clowns du cirque Fernando, remarquable par sa force

et aussi par son agilité, est d'une très petite taille, mais d'une forte musculature. Il jongle avec des poids de 20 kilogrammes, fait l'exercice du fusil avec un lourd essieu de charrette, et enfin porte un homme étendu en équilibre, sur son bras tendu verticalement.

Parmi les nains de force légendaire on peut citer celui qui s'exhibait à Londres vers 1740, et dont les exercices de force et d'adresse sont ainsi rapportés par un journal de l'époque :

« 1° Il porte deux hommes vigoureux, un sur chaque bras, et danse autour de la pièce en les tenant; 2° il porte un fauteuil sur ses bras, et avec ses moustaches qui ont 6 pouces de longueur il ramasse une pièce de monnaie posée sur le parquet; 3° il prend sur le parquet ladite pièce de monnaie, trois de ses doigts posant par terre et une de ses jambes levée en l'air, et avec son bras il lance et reçoit une chaise, etc..... Avec ses formes merveilleuses, sa force et son adresse qu'il serait superflu de mentionner davantage, il surpasse l'imagination, et c'est à juste titre qu'il a été appelé *le second Samson*. »

Un autre nain irlandais, Owen Farrel, à peu près à la même époque, se montrait en public ; bien qu'il n'eût que 1ᵐ,13 de hauteur, sa force était prodigieuse. Un jour il porta quatre hommes robustes, deux sur chaque bras.

Un écrivain anglais disait en parlant de ce nain : « La nature s'est largement trompée en lui donnant une taille qui égale à peine la moitié de celle d'un individu ordinaire alors qu'elle lui a accordé la force de deux hommes. »

Le nain John Grimes de Newcastle exécutait également des tours de force en public.

On voit qu'une grande taille n'est nullement l'accompagnement obligé d'une force au-dessus de celle de la moyenne des autres hommes.

Bien qu'une force physique considérable soit ordinairement un don naturel, d'autres fois cette force a pu être développée, perfectionnée par son possesseur au moyen d'exercices répétés, et par l'entraînement.

On connaît la légende de Milon de Crotone, qui s'exerçait chaque jour à porter sur ses épaules un jeune veau.

Celui-ci grandissant peu à peu, devenant plus lourd, les forces de Milon s'accrurent dans les mêmes proportions, si bien que, quelques années après, Milon de Crotone parut dans l'arène portant un bœuf sur ses épaules, aux applaudissements du public athénien. Ensuite, paraît-il, il eut l'ingratitude d'assommer d'un seul coup de poing son bœuf auquel il devait le développement de sa force et par suite son triomphe, et de le manger entièrement dans une seule journée.

Le fait du développement graduel de la force par l'action de porter journellement un animal dont le poids s'accroît n'est pas spécial à Milon de Crotone, et on l'attribue à un certain nombre d'hercules allemands, anglais et même bas-bretons.

On sait que, dans les gymnases, le débutant, qui d'abord ne soulève que des haltères d'une dizaine de kilogrammes, parvient par un exercice continu et graduel à doubler sa force, et porte alors facilement 20 à 25 kilogrammes.

Un jeune homme d'une très faible santé, auquel son médecin avait recommandé des exercices gymnastiques aussi fréquents que possible, avait dans sa chambre deux sacs de sable, chacun d'eux serré en son milieu sur un bâton de façon à former des sortes d'haltères, avec lesquels il s'exerçait très fréquemment, huit, dix, quinze fois par jour.

D'abord ces sacs ne pesaient que quatre à cinq kilogrammes, mais tous les jours il y ajoutait quelques petits cailloux qui n'en augmentaient le poids que de quelques grammes ; au bout d'une année, ce jeune homme tenait à bout de bras dans chaque main un poids de 20 kilogrammes avec la même facilité qu'autrefois il portait ses premiers petits sacs de sable.

L'influence de l'entraînement sur le développement de la force physique était bien connue des anciens ; les athlètes, sous la conduite du *lanista*, sorte de professeur de gymnastique doublé d'un hygiéniste, étaient soumis rigoureusement à des exercices graduels et à un régime approprié.

Au point de vue du régime, les substances azotées, renfermant beaucoup de matières nutritives sous un petit volume, étaient la base de leur nourriture. Mais de plus on attribuait aux figues une influence très favorable au développement de la force. Du reste, on sait que « si les Grecs de la République, au rapport des poètes, avaient vu d'un côté des figues, et de l'autre de l'or, ils auraient laissé l'or pour se jeter sur les figues ».

Au moment du combat, les anciens athlètes avaient la coutume d'avaler quelques gousses d'ail afin d'avoir plus de force.

La plupart des hommes très forts sont de grands mangeurs.

Nous venons de voir Milon de Crotone dévorant un bœuf entier dans une journée. L'empereur Maximin mangeait souvent quarante livres de viande dans le même espace de temps.

Beaucoup d'hercules qui s'exhibent en public, ou même de simples hercules amateurs, exécutent des « prouesses d'estomac », en mangeant des quantités considérables d'aliments, et en buvant dans la même proportion.

Lapiada, dont nous avons parlé, à la suite d'un pari, mangea la moitié d'un veau et but un seau de vin.

L'influence favorable des substances azotées et surtout de la viande dans l'alimentation, sur le développement de la force et le rendement du travail musculaire, est connue depuis bien longtemps. Et l'on peut poser comme règle, que les hommes énergiques, susceptibles de produire à un moment donné un effort considérable, sont ceux dont l'alimentation est riche en substances azotées, ceux qui mangent beaucoup de viande.

Cette influence de la nourriture sur le développement de la force musculaire se constate non seulement chez les individus, mais aussi chez les peuples. Les races du nord mangeant beaucoup de viande sont plus fortes, plus robustes, résistent mieux à la fatigue que celles des pays méridionaux. En Angleterre, en Suède, en Russie, on trouve beaucoup d'individus d'une très grande force musculaire. On connaît l'histoire de ce peintre russe nommé Orlosky, qui au commencement du siècle avait une aussi grande réputation comme hercule que comme peintre.

Il était d'une stature et de proportions colossales. Il se servait d'un fusil de rempart pour faire l'exercice, prenait une de ces énormes épées anciennement appelées *casse-tête* et la tenait en équilibre sur trois doigts. Un jour, chez le grand-duc Constantin,

Fig. 9. — Type d'homme peau-rouge exhibé au Jardin d'Acclimatation.

invité à laisser son nom, il prit une de ces longues et fortes tiges de fer servant à remuer le charbon des poêles russes, une espèce de tisonnier, et en fit un nœud; en effet, lorsque le grand-duc rentra, voyant ce nœud de fer, il demanda à quelle heure Orlosky s'était présenté. Cependant Orlosky reconnaissait être moins fort

que le comte Orloff, le père de l'ambassadeur actuel de Russie
en France, dont on citait une quantité de tours de force merveilleux mais se rapprochant de ceux que nous avons déjà décrits.
Cette différence dans la force suivant la nourriture habituelle
s'observe même chez les sauvages; les peuples chasseurs ont
plus de force et plus d'énergie que les peuples végétariens des
pays chauds. On peut citer comme exemple les Peaux-Rouges
de l'Amérique du Nord : le système musculaire de ceux qui
ont été exhibés au Jardin d'Acclimatation était très développé ;
l'un d'eux surtout, dont nous donnons la photographie (fig. 9),
était d'une taille et d'une carrure remarquables, d'une force
prodigieuse ; souvent il maintenait dans ses bras un cheval que
le lasso venait d'arrêter.

Au contraire, chez les Nubiens et les Cingalais exhibés également au Jardin d'Acclimatation, on pouvait constater un très
faible développement musculaire, une faible force de résistance
à une fatigue prolongée, conséquences de leur vie dans un climat chaud et de leur alimentation presque exclusivement végétale.

COUREURS ET MARCHEURS

CHAPITRE VII

LES COUREURS CÉLÈBRES

Les coureurs de profession. — Les coureurs à l'Hippodrome. — Les jeux olympiques. — Les coureurs historiques. — Les peichs du Grand Turc. — Les Basques. — Les coureurs anglais. — Les Indiens.

Un des plus remarquables exemples des résultats que peut donner l'entraînement appliqué à la nature humaine est celui qui nous est offert par les coureurs ou marcheurs de profession.

Tandis qu'avec nos habitudes d'hommes civilisés, nous sommes suffoqués, rouges, en sueur, rompus de tous les membres quand nous avons monté rapidement cinq ou six étages ou couru après un omnibus, l'homme entraîné peut courir plusieurs heures de suite, peut lasser des chevaux, des chiens, forcer des animaux sauvages, se montrer enfin dans ce genre d'exercice d'une supériorité telle que le citadin peut se demander s'il est de même nature que lui.

De temps en temps on voit sur les murs de Paris de grandes affiches annonçant que tel jour l'*homme-éclair*, l'*homme-locomotive*, ou l'*homme-étincelle*, fera tel ou tel trajet en *courant*, et cela en tant d'heures. Le trajet le plus ordinaire est celui de Paris à Versailles, aller et retour, soit une quarantaine de kilomètres.

Le départ du coureur donne lieu à une scène assez pittoresque ; il a lieu le plus souvent aux accords d'une musique militaire ; le coureur est accompagné de comparses, vêtus comme lui de costumes de soie aux couleurs brillantes ; derrière viennent les voitures des témoins, et enfin une foule de coureurs de bonne volonté, la jeunesse du quartier, qui pousse des cris d'enthousiasme et manifeste l'intention d'aller jusqu'au bout. Tout ce cortège part en courant aux acclamations de la foule. C'est cette scène que représente l'une de nos gravures (fig. 10). Au bout de quelques minutes le cortège s'allonge, les petites jambes restent derrière, puis après réflexion renoncent à la lutte. A la barrière, les comparses attendent le retour, et les coureurs et les témoins, ceux-ci en voiture, continuent seuls la course. On dit même que quelquefois le coureur monte avec eux ; mais quand il y a de vrais amateurs ayant fait des paris pour ou contre, ils surveillent la course, et toute fraude est impossible.

Cette course dure deux ou trois heures ; pendant ce temps le public reste avec constance à attendre le retour, et lorsque celui-ci a lieu, le cortège qui s'est reformé à l'entrée de Paris arrive et est reçu en triomphe. Certains de ces coureurs ont réellement fait le trajet de Paris à Versailles en 2 heures 30 minutes, soit un kilomètre en 3,6 minutes. C'est une vitesse un peu plus grande que celle de l'ancienne malle-poste, qui parcourait un kilomètre en 3,7 minutes, mais dont les relais ne dépassaient pas 20 kilomètres. Un jeune homme, ouvrier carrossier, a fait il y a quelques mois le tour de Paris en 2 heures 57 minutes.

D'autres fois la course est circulaire, de telle façon que les spectateurs puissent en voir toutes les péripéties. C'est ainsi qu'un coureur faisait dernièrement soixante-dix fois dans une heure le tour de la place du marché à Saint-Germain, soit 17 kilomètres. Les courses circulaires sont surtout en honneur en Amérique, où l'on voit des coureurs ou des marcheurs, « pedestrians », faire cinq ou six cents fois et plus le tour de la piste d'un cirque, ou aller de long en large dans une salle, et cela

Fig. 10. — Coureurs contemporains passant dans les rues de Paris.

sous les yeux d'un nombreux public qui se passionne pour ce spectacle, passablement monotone, et qui reste trois, quatre heures de suite en place « pour voir la fin ».

Très souvent, sur les champs de courses de chevaux, on voit comme intermède un coureur qui, en costume plus ou moins brillant, suit la piste des chevaux, franchit les obstacles, et revient au poteau au bout de huit à dix ou douze minutes, après avoir parcouru 2000 ou 2500 mètres.

Mais les courses sont plus intéressantes quand il y a concurrence entre deux coureurs renommés qui se défient dans une sorte de combat singulier, « l'homme-locomotive contre l'homme-éclair ; un enjeu de 1000 francs est engagé », dit par exemple l'affiche.

Le public afflue dans ce cas, les amateurs de sport parient pour l'un et l'autre coureur. Puis le vaincu demande sa revanche pour le dimanche suivant. « La belle » a lieu le troisième dimanche, le public du premier jour se passionne et s'augmente à chaque nouvelle course; les parieurs qui ont perdu veulent aussi prendre leur revanche, et il y a une série de recettes fructueuses pour les deux coureurs.

Naturellement rien n'empêche de croire que le plus souvent ceux-ci s'entendent pour gagner chacun à leur tour et pour partager la recette.

Lorsque plusieurs hommes luttent de vitesse à la course, la généralité du public éprouve ce plaisir spécial que donne toute lutte, toute rivalité dans laquelle on ignore quel sera le vainqueur ; c'est en partie pour cela que les soirées de l'Hippodrome dans lesquelles il y a des courses à pied attirent toujours un public nombreux.

Les courses de l'Hippodrome décèlent de temps en temps des coureurs d'une rapidité et d'une force bien supérieures à celles de leurs camarades. Aussi la Direction, afin d'égaliser les chances, de maintenir l'émulation parmi les autres concurrents, a soin de mettre les vainqueurs des précédentes courses en arrière de 5, 10, 15, 20 et même 25 mètres de la ligne de départ, et,

malgré cela, souvent ces coureurs, placés les derniers, arrivent
en tête et gagnent la somme relativement élevée qui constitue
le prix.

Ces courses d'hommes sont une réminiscence des Jeux olympiques. La course tenait en effet le premier rang dans ces jeux;
la lutte ne venait qu'ensuite. Homère et Pindare décrivent ces
courses avec un enthousiasme qui n'est que le reflet de la passion
qu'elles excitaient chez les Grecs.

Les historiens de cette époque, qui datent leurs récits par
olympiades, avaient même soin, presque toujours, d'inscrire en
tête de ceux-ci le nom du vainqueur de la course aux fêtes du
commencement de la période. Ces courses variaient suivant la
distance à parcourir; celle-ci n'était quelquefois que d'un stade,
185 mètres, quelquefois de deux stades. La *dolique* était de
24 stades, soit de 4440 mètres, 4 kilomètres et demi environ
ou un peu plus d'une des anciennes lieues de France. Cette distance était considérable pour une course faite très rapidement,
et on connaît l'histoire de Ladas (de Lacédémone), le célèbre
coureur chanté par les poètes qui, après avoir couru la dolique,
tomba mort en arrivant au but.

Les écrivains grecs nous ont laissé le nom et le récit des
exploits d'un très grand nombre de coureurs de l'antiquité,
exploits dont quelques-uns semblent avoir été vus avec des yeux
de poètes, c'est-à-dire sur l'exactitude desquels on peut avoir
quelque doute. Citons cependant :

Lasthène le Thébain, qui vainquit un cheval à la course ;

Polymnestor, qui attrapait un lièvre en courant ;

Philonide, coureur d'Alexandre le Grand, qui parcourut en
neuf heures les 1200 stades (222 kilomètres ou 55 lieues) qui
séparaient les deux villes grecques, *Sicyone* et *Elis*.

On connaît le fameux « soldat de Marathon », qui vint en courant annoncer la victoire aux magistrats d'Athènes et tomba
mort à leurs pieds.

Ou encore *Euchidas de Platée*, apportant le feu nécessaire
pour les sacrifices, afin de remplacer celui que les Perses avaient

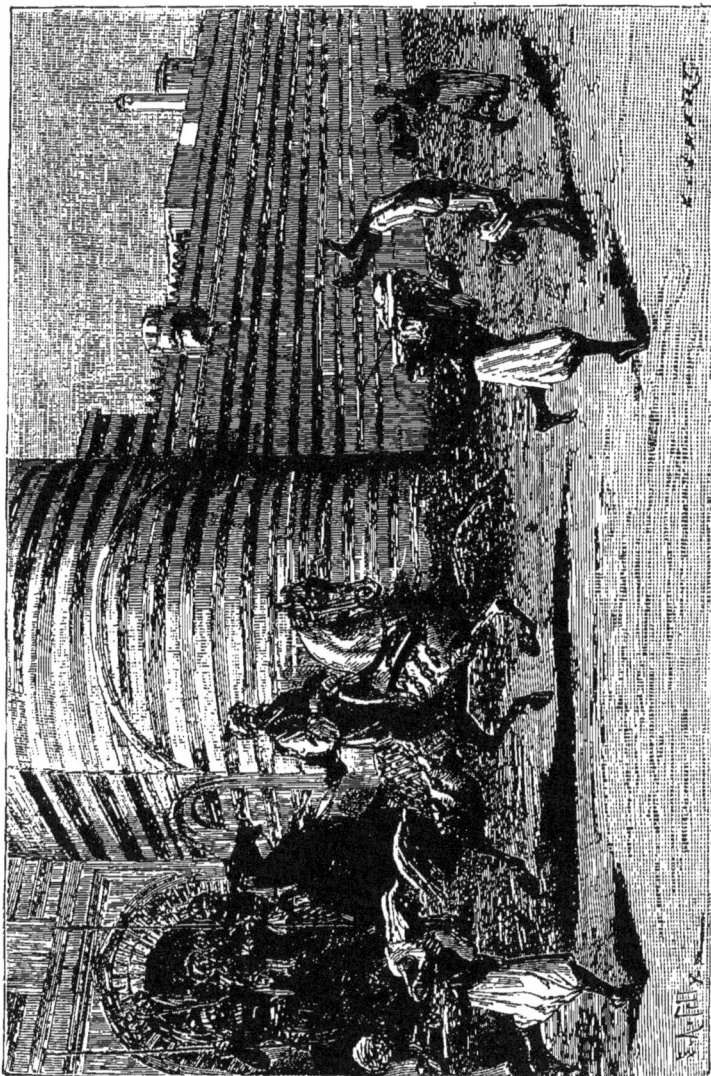

Fig. 11. — Anciens coureurs et acrobates du Grand-Turc, à Constantinople.

souillé, et qui fit mille stades de suite en courant (185 kilomètres ou 46 lieues) ; il tomba mort en arrivant.

Les historiens romains nous ont aussi conservé le récit de parcours extraordinaires faits de leur temps par des coureurs.

Ainsi Pline parle d'un athlète qui parcourut dans le cirque, sans prendre aucun repos, 160 000 *pas* (235 kilomètres) ou 58 lieues.

Il parle aussi d'un enfant qui, en courant, fit en une demi-journée 75 000 pas (110 kilomètres ou 27 lieues).

Au moyen âge on a cité les *peichs*, les coureurs que le Grand-Turc entretenait comme courriers et qui lui servaient d'escorte devant son cortège. Ces coureurs étaient d'une agilité et d'une souplesse surprenantes ; tout en courant devant le cortège, ils faisaient des sauts, des culbutes et des tours analogues à ceux qu'exécutent actuellement les clowns dans les cirques (fig. 11). Mais de plus ils accomplissaient de véritables prouesses comme courriers.

C'est ainsi qu'ils allaient et revenaient de Constantinople à Andrinople en deux jours. La distance est de 320 kilomètres (80 lieues) ; ils parcouraient donc, et cela fréquemment, 40 lieues en 24 heures. Les peichs ne portaient pas de chaussure, et la plante de leurs pieds se transformait, par l'usage, en une véritable corne ; quelques-uns même se faisaient appliquer aux talons de petits fers d'argent comme ornement et comme emblème de leur vitesse.

Au siècle dernier, il était d'usage, dans les maisons riches, d'avoir des coureurs qui précédaient les carrosses ; ces coureurs étaient généralement des Basques ; on connaît le proverbe : « Courir comme un Basque ». Rabelais dit : « Grand-Gousier dépêche le *Basque* son laquais pour quérir Gargantua en toute hâte. »

Ces Basques couraient pendant très longtemps sans fatigue apparente.

Les nobles Anglais, notamment, mettaient leur amour-propre à avoir des coureurs extraordinaires. Chaque grande maison

avait ses *running footmen* que l'on soumettait à un entraînement
et à un régime spécial. On peut dire que le high-life anglais a
perfectionné des hommes de courses avant les chevaux de
courses.

Un bon coureur devait parcourir sept milles à l'heure, soit un
peu plus de 11 kilomètres, et soutenir cette allure pendant plusieurs heures.

On cite un très grand nombre de courses extraordinaires
accomplies par les running footmen anglais.

Parmi les anecdotes que l'on raconte sur ce sujet, nous citerons les suivantes :

Le comte de Home, dont le château était situé à 35 milles
d'Édimbourg (soit 56 kilomètres), chargea un soir son coureur
d'aller porter une lettre dans cette ville. Le lendemain matin,
en se levant, il aperçut le coureur qui dormait dans son anti-
chambre. Le duc se met en colère, mais le valet lui remet la
réponse à la lettre : il avait parcouru 112 kilomètres (27 lieues)
dans sa nuit.

Au moment de mettre le couvert pour un grand dîner d'appa-
rat chez le duc de Lauderdale (sous Charles II), on s'aperçut
qu'il manquait une pièce indispensable. Cette pièce se trouvait
dans un autre domaine du duc, à 15 milles de là. Un coureur
part, et deux heures après revient avec la pièce demandée :
il avait parcouru dans cet espace de temps 48 kilomètres ou
12 lieues.

On cite encore un coureur qui, allant porter une lettre chez
un docteur de Londres, revint avec la potion prescrite 48 heures
après, la distance étant de 148 milles (228 kilomètres).

Bien souvent ces coureurs anglais luttaient de vitesse contre
des chevaux, et parfois étaient vainqueurs.

On cite notamment ce fait : le duc de Marlborough, conduisant lui-même un phaéton à quatre chevaux, fut battu par un
coureur dans le trajet de Londres à Windsor. Il est vrai que le
coureur mourut quelques instants après.

Actuellement on cite encore comme exemple d'agilité et de

résistance à la fatigue les *zagal* qui accompagnent les diligences en Espagne.

D'un autre côté, les voyageurs parlent de ces porteurs de palanquins qui aux Indes accomplissent en courant, et bien que chargés, des courses extraordinaires.

Les traîneurs de ces petites voitures japonaises, espèce de chaises sur roues, courent également pendant un temps très long.

Les porteurs de lettres, dans l'Inde, parviennent à faire chaque jour en courant trente milles (48 kilomètres) dans douze heures. Ils tiennent d'une main un bâton terminé par un anneau auquel sont suspendues de petites plaques de fer qui, agitées par la marche, produisent un bruit capable d'éloigner les serpents et les animaux féroces ; et de l'autre, un linge mouillé dont ils se servent pour se rafraîchir fréquemment le visage.

Citons, à titre de curiosité, une anecdote américaine qui montre la supériorité dans certains cas de l'agilité sur la force.

Pendant un orage un yankee, un véritable colosse, se réfugie dans un hôtel et dépose son parapluie tout ouvert dans un coin du rez-de-chaussée afin de le faire sécher, et il a la précaution d'y épingler un petit papier avec cette mention : « *Hand's off.* Ce parapluie appartient à un gaillard qui peut donner un coup de poing de 250 livres, il sera de retour dans quinze minutes. »

Un quart d'heure après, le colosse suffoquait de colère en constatant que son parapluie avait disparu. Mais il retrouvait la note qu'il avait mise à celui-ci, avec un post-scriptum : « Le parapluie a été pris par un coureur qui fait aisément ses dix milles à l'heure. Inutile d'attendre son retour. »

CHAPITRE VIII

LES MARCHEURS

Les Pedestrians. — L'homme à la brouette. — Powel. — Le marin
Mensen. — Les facteurs ruraux. — Les courses facétieuses.

Les marcheurs. — Outre les coureurs il y a les *marcheurs*,
les pedestrians, comme disent les Anglais et les Américains, qui
accomplissent des trajets extrêmement longs en marchant plus
ou moins vite. La rapidité dans ce cas devient un peu secon-
daire. Ce qu'il y a de remarquable chez eux, c'est la résistance à
la fatigue, la continuité de la marche, la longueur du chemin
parcouru.

Ainsi, comme exemple de marcheurs remarquables, on cite :

Les exploits récents de « l'homme à la brouette », qui a traversé en 118 jours l'Amérique du Nord, de San-Francisco à
New-York, en poussant une brouette devant lui.

Au siècle dernier, on a cité l'exemple d'un laquais qui vint
du Puy en Auvergne à Paris et s'en retourna dans l'espace de
sept jours et demi. La distance moyenne qu'il avait parcourue
chaque jour dépassait vingt-cinq lieues.

Les annales anglaises ont conservé le nom d'un célèbre marcheur, Powel, qui avait gagné des sommes considérables en paris.

En 1809, le célèbre *captain Barclay* paria 3 000 livres sterling
qu'il parcourrait en mille heures consécutives, ou 41 jours,
une distance de 1 000 milles anglais, soit de 1 610 kilomètres ou
de 402 lieues — chaque mille devait être fait dans chaque heure —
et gagna son pari avec quelques heures d'avance.

Nous citerons enfin les exploits légendaires de ce marin norvégien, Ernest Mensen, qui, il y a une cinquantaine d'années, étonnèrent toute l'Europe.

Après avoir gagné un certain nombre de paris, Mensen accepta la gageure d'aller de Paris à Moscou en quinze jours. Parti le 11 juin 1834 à quatre heures du soir, il entrait au Kremlin le 25 juin à dix heures du matin, après avoir parcouru 2500 kilomètres, ou 625 lieues, en 14 jours et 18 heures.

L'emploi de Mensen comme courrier extraordinaire devint l'amusement des Cours européennes. Il allait de pays en pays, portant des messages de félicitation, de condoléance ou autres, et battant invariablement les courriers à cheval quand on en expédiait.

Son allure consistait en une sorte de pas allongé, intermédiaire entre la course et le pas.

C'est cette allure, dit-on, que prenaient autrefois les Peaux-Rouges de l'Amérique du Nord quand, dans une seule nuit, ils allaient à des distances énormes surprendre un ennemi ou piller un village de colons européens.

En 1836, étant au service de la Compagnie des Indes Orientales, Mensen fut chargé de transporter les dépêches de Calcutta à Constantinople, à travers l'Asie centrale. Le trajet est de 9000 kilomètres environ; Mensen l'accomplit en cinquante-neuf jours, soit en un tiers de moins que la caravane la plus rapide.

La mort de Mensen fut glorieuse. En dernier lieu il fut employé à la découverte des sources du Nil. Quittant la Silésie le 11 mai 1843, il alla à Jérusalem, puis au Caire, et longeant la rive droite du Nil, il atteignit la Haute-Égypte. Là, à l'entrée du village de Syang, on le vit s'arrêter et se reposer appuyé contre un palmier, la figure couverte d'un mouchoir. Il se reposa si longtemps, que quelques personnes cherchèrent à le réveiller, mais en vain... il était mort.

Il est tout une classe de pedestrians bien modestes qui accomplissent journellement des trajets relativement considérables; qui doivent partir et arriver à heure fixe, et cela malgré la pluie, le vent, la neige, malgré le froid ou le soleil, qui doivent suivre des sentiers souvent à peine tracés, gravir des collines, franchir des fossés, c'est-à-dire qui doivent marcher dans des conditions extrêmement pénibles et extrêmement fatigantes. Ces marcheurs sont : les facteurs ruraux.

Un facteur rural parcourt, dans ces conditions, de 20 à 25 kilomètres par jour, et cela pendant vingt-cinq ou trente années, temps au bout duquel il reçoit une retraite. Il y a quelques années, les tournées des facteurs étaient beaucoup plus considérables et atteignaient parfois 30 à 35 kilomètres et même davantage. Un facteur alors n'avait sa retraite qu'après avoir parcouru plus de 11,000 kilomètres par an, c'est-à-dire que, en trois ans et demi, il parcourait une distance supérieure à la longueur du tour du globe. Dans son existence, le facteur faisait de sept à huit fois cette longueur.

Un instrument indispensable aux marcheurs, touristes ou voyageurs sérieux est le podomètre (fig. 12). Cet instrument inscrit, en effet, automatiquement le nombre de pas faits par celui qui le porte et par suite la distance parcourue par celui-ci. Le podomètre a la forme et le volume d'une montre ; il se met de même dans la poche du gilet en ayant soin de le maintenir vertical par le moyen d'un crochet qui se fixe sur le rebord de la poche. Le mécanisme de cet instrument est extrêmement simple ; on s'en rendra facilement compte en se reportant à la figure 13 : B est un contre-poids massif, placé à l'extrémité d'un levier qui peut osciller autour d'un axe A ; une vis V sert à limiter l'amplitude de ces oscillations.

Un petit ressort maintient le contre-poids B à la partie supérieure de sa course, mais avec une très faible tension ; chaque oscillation du levier agit sur un encliquetage qui fait agir l'aiguille du podomètre par l'intermédiaire d'un système d'engrenages qui ne laisse parcourir à l'aiguille qu'une division du cadran pour dix oscillations du levier. On conçoit qu'à chaque pas, le podomètre recevant une légère secousse, le poids B s'abaissera, puis reprendra sa position première sous l'influence

du petit ressort; tous les dix pas l'aiguille franchira une division;
à l'aide de la gradation marquée sur le cadran du podomètre, il
sera donc facile de savoir le nombre de pas que l'on aura faits
dans une espace de temps déterminé, dans une journée par
exemple, ou pendant une excursion.

Les voyageurs parcourant des pays inconnus peuvent, à l'aide
du podomètre et de la boussole, tracer d'une façon très exacte

Fig. 12. — Le podomètre.   Fig. 13. — Mécanisme du podomètre.

la route qu'ils ont suivie et relever la carte du pays qu'ils
parcourent.

Le podomètre dans la vie ordinaire sert à faire de curieuses
constatations; si en se levant on met l'instrument dans sa poche
et qu'on l'examine à la fin de la journée, on sera généralement
surpris de voir que le nombre de pas que l'on aura faits chez soi,
en allant à ses affaires, chez des amis, etc., se totalise par milliers, qui convertis en kilomètres représenteraient quinze, vingt,
vingt-cinq ou davantage, suivant l'activité de la personne faisant
cette expérience.

Avant de parler de la physiologie du coureur, disons un mot de ce qu'on pourrait appeler les courses facétieuses.

C'est dans cette catégorie qu'on doit ranger ces courses de l'Hippodrome *avec obstacles*. Ceux-ci consistent en espèces de boîtes dans lesquelles les coureurs doivent entrer par un côté et ressortir en soulevant le couvercle, en tonneaux défoncés que le coureur doit traverser, en longues barres inclinées sur lesquelles il doit grimper, en obstacles divers, et enfin en un réseau de mailles formé de filets tendus verticalement et horizontalement, dans lesquels le coureur s'empêtre, se démène et reste prisonnier plus ou moins longtemps à la grande joie du public ; les courses en sac dans lesquelles le coureur est enfermé jusqu'au cou et ne peut avancer que par une série de bonds, en risquant à chaque saut de perdre l'équilibre et de rouler sur le sol où il reste étendu sans pouvoir se relever.

Indépendamment des courses à reculons, des courses à cloche-pied, il y a encore des courses à *trois jambes*, qui semblent être spéciales aux marins et dans lesquelles deux individus sont attachés l'un à l'autre, la jambe de l'un liée à celle de l'autre du côté opposé ; par exemple, la jambe droite de l'un liée à la jambe gauche de l'autre, de telle façon que si en courant leurs mouvements ne sont pas parfaitement concordants, les deux individus roulent sur le sol.

Dans une petite commune du Wurtemberg, à Marktgroningen, a lieu chaque année une série de courses dont l'une d'elles présente cette particularité, que les coureurs sont de jeunes bergères ; de plus, chacune d'elles porte une cruche d'eau sur la tête, et elle ne doit pas la soutenir avec les mains ; il s'ensuit que ces jeunes filles, tout en se hâtant, craignent de renverser leur cruche : c'est la plus adroite, la plus habile qui gagne le prix.

Du reste, dans cette course, la mauvaise foi des concurrentes est telle, paraît-il, que le bourgmestre de la ville est obligé de les suivre à cheval, armé d'un grand bâton pour les empêcher de se pousser, de se tirer aux cheveux et notamment de se donner des coups de doigts dans la poitrine, afin de couper la respiration de la rivale pendant quelques instants, procédé qui était jadis employé par les gladiateurs romains.

A l'Hippodrome on a pu voir en 1884 des courses analogues : chaque jeune fille portait une cruche d'eau en équilibre sur sa tête. Or le public s'amusait beaucoup à voir les ruses que chacune d'elles employait pour faire culbuter la voisine, des poussées, des crocs-en-jambes qui se donnaient d'une façon aussi cachée que possible, afin d'éviter non les coups de bâton comme dans la ville allemande, mais les amendes qu'infligeaient les surveillants de la course.

Les Romains avaient des courses du même genre : les *courses aux flambeaux;* les coureurs, tenant chacun un flambeau à la main, risquaient d'éteindre celui-ci en allant trop rapidement et de ne pas gagner le prix en allant trop doucement; de là pour les spectateurs des scènes extrêmement comiques.

CHAPITRE IX

LA PHYSIOLOGIE DU COUREUR

L'anatomie de la jambe. — L'élasticité. — Le mécanisme de la marche et de la course. — Le rôle des bras. — La respiration.

La physiologie du coureur. — La course est un exercice extrêmement violent, mais c'est incontestablement le mieux approprié à la nature humaine, en ce sens que c'est celui dans lequel l'homme peut donner le maximum de travail, produire le plus grand nombre de kilogrammètres dans un temps donné, avec le minimum de fatigue.

Du reste, chez l'homme sauvage ou à l'état de demi-civilisation, la course et la marche jouent un rôle tellement considérable dans la lutte pour l'existence, et cela dans la poursuite du gibier, l'attaque d'un ennemi, la fuite d'un danger, qu'en vertu de ce grand principe physiologique d'après lequel les organes s'approprient à la fonction, les organes de la locomotion devaient acquérir une importance prépondérante dans le corps humain. Ceux que nous possédons actuellement ne sont donc, en somme, que le résultat du mode d'existence de milliers de générations antérieures.

L'anatomie des organes de la locomotion peut se résumer ainsi :

Les deux os iliaques, dont la réunion constitue le bassin, qui est la charpente osseuse de la partie inférieure du tronc du corps humain, reçoivent dans deux cavités profondes la tête des fémurs, les os de la cuisse. Ces têtes, qui sont maintenues très solidement dans leurs cavités par de forts ligaments et par la pression atmosphérique, peuvent tourner librement dans tous les sens.

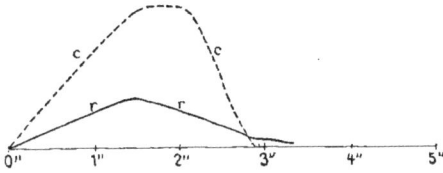

Fig. 14. — Respiration avant l'entraînement.

Le fémur rencontre, à son extrémité inférieure, le tibia, l'os de la jambe, avec lequel il forme l'articulation du genou, à l'aide d'un troisième os, la rotule.

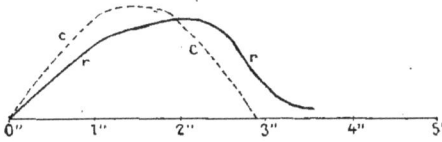

Fig. 15. — Respiration après un mois d'entraînement.

Le tibia est accompagné du péroné, et ces deux os s'articulent avec les os du pied. Le pied comprend une trentaine d'os reliés

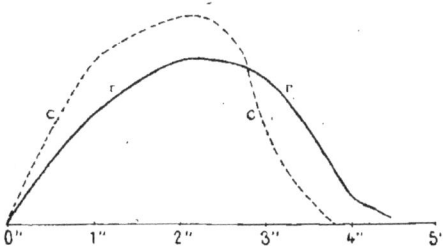

Fig. 16. — Respiration après deux mois d'entraînement.

entre eux par des ligaments, et séparés par des surfaces articulaires très nombreuses.

Cet ensemble osseux, qui constitue le squelette des membres

GUYOT-DAUBÈS.   5

inférieurs, est recouvert de muscles d'une grande puissance que l'on divise en extenseurs et en fléchisseurs suivant leur mode d'action sur les articulations; ces muscles s'insèrent sur les os soit directement, soit par l'intermédiaire de tendons d'une résistance considérable. On peut dire que la structure des organes de la locomotion de l'homme résout ce difficile problème de réunir, avec le minimum de poids, le maximum de force, de mobilité et d'élasticité.

Cette élasticité, qui joue dans la marche et la course un rôle capital, en préservant les organes internes des réactions brusques et des chocs violents, mérite une attention spéciale. Elle est obtenue par des moyens variés : d'abord, par les nombreuses surfaces articulaires du pied et par celles du genou, constituées par du cartilage constamment humecté d'un liquide huileux, la synovie, surfaces qui forment comme autant de bandes élastiques dans lesquelles viennent s'amortir les chocs; l'élasticité est due encore aux ligaments qui relient ces articulations, puis à de véritables coussins graisseux qui se trouvent sous le pied, notamment au talon, et enfin à ce fait que, dans les exercices susceptibles de donner des chocs violents, comme le saut et la course, la rencontre du sol n'a pas lieu dans le sens des os longs, tibia ou fémur qui transmettraient la réaction aux organes internes; mais cette rencontre a lieu quand le tronc, la cuisse, la jambe et le pied forment une série de lignes brisées dont les angles sont formés par les articulations; or les ligaments externes de ces articulations agissent dans ce cas comme de véritables ressorts et contribuent pour une forte part à l'amortissement du choc. Plusieurs faits montrent l'importance de cette élasticité.

Les enfants qui s'amusent sur de petites échasses reçoivent à chaque pas une secousse qui est d'autant plus forte qu'ils se hâtent davantage, et cela ne provient que du non-fonctionnement des articulations du pied. Les malheureux amputés qui ont une ou deux jambes de bois souffrent beaucoup du choc qu'ils reçoivent en marchant. On sait enfin qu'un sauteur peut se laisser tomber de plusieurs mètres sans inconvénient s'il touche le sol sur la pointe des pieds, les jambes pliées, tandis qu'il est exposé à se briser les membres, à se luxer la hanche ou à se tuer par suite de lésions internes, en sautant de la hauteur d'une chaise, s'il tombe sur les talons les jambes raides.

La plupart des gens se préoccupent peu de savoir comment elles marchent et se contentent de marcher, c'est cependant un côté très intéressant de la physiologie, qui a donné lieu à d'importants travaux, en tête desquels se placent ceux de M. Marey. On peut facilement se rendre compte du mécanisme de la marche et de la course.

Ce mécanisme peut se résumer ainsi : au départ, la partie supérieure du corps s'incline et fait avec la verticale un angle qui est de 7° environ dans la marche et atteint 22° dans la course. Un des membres inférieurs se porte alors immédiatement en avant pour empêcher la chute. Ce membre s'appuie d'abord sur le talon ; puis, à mesure que le corps passe au-dessus de lui en pivotant sur l'articulation de la hanche, il porte sur la plante du pied, sur la partie moyenne, le tarse, et sur la partie antérieure, le métatarse ; alors les muscles de la jambe et de la cuisse se raidissent pour pousser le corps et lui conserver son impulsion. Puis le membre est ramené en avant par son propre poids comme le serait un pendule, et par l'élasticité des muscles et une très faible contraction musculaire, en somme avec un effort très minime relativement au poids de la partie déplacée, chaque membre inférieur pesant chez un homme moyen de 15 à 20 kilogrammes.

Dans la course, les membres sont plus fléchis, les efforts produisant l'impulsion sont plus violents et par suite les efforts musculaires plus énergiques ; il en résulte que la fatigue arrive beaucoup plus rapidement.

Les bras jouent un grand rôle dans la marche et dans la course ; ils servent de balanciers et accompagnent de leurs oscillations les mouvements des membres inférieurs. Leur importance est telle qu'un coureur auquel on aurait attaché les bras ne serait plus sûr de lui-même, ne se tiendrait plus en équilibre qu'avec difficulté, et comme résultat ne pourrait atteindre qu'une vitesse bien inférieure à celle qu'il aurait eue sans cela.

Cette grande activité musculaire nécessitée par la course a une conséquence indirecte qui joue un rôle capital dans la physiologie du coureur.

L'épuisement de celui-ci arrive le plus souvent non par la fatigue des muscles, mais par l'insuffisance de la respiration.

Le muscle qui travaille consomme de sa substance ; il respire, son carbone est brûlé et le produit de son travail, l'acide carbonique, est dissous dans le sang, entraîné dans la circulation et de là dans les poumons où il est exhalé. Depuis les recherches de Lavoisier et de Séguin, tous les travaux des physiologistes ont été unanimes à constater que l'exhalation de l'acide carbonique est beaucoup plus considérable pendant l'exercice que pendant le repos. Smith, notamment, a constaté qu'un homme adulte produisait par minute les quantités suivantes d'acide carbonique :

En dormant.	. . . .	0,32
Assis. .	. . . .	0,65
Marchant.	. . . .	1,15
Marchant vite.	. . . .	1,66

Dans un exercice violent comme la course, le sang se charge d'une grande quantité d'acide carbonique, la circulation est très rapide, les poumons, pour pouvoir suffire à revivifier la quantité de sang qui leur arrive, précipitent leurs mouvements ; si leur capacité ne suffit pas, il y a d'abord essoufflement, puis suffocation, et l'asphyxie peut survenir. C'est là la cause de la mort d'un grand nombre de coureurs, depuis celle du *soldat de Marathon*, de *Ladas* de Lacédémone, du vainqueur de l'équipage du duc de Marlborough, dont nous avons parlé, jusqu'à celle du jeune Fribourgeois qui, venant en courant annoncer la victoire de Morat à laquelle il avait contribué, ne put que crier victoire ! et tomba mort sur la place de Fribourg, là où se trouve le magnifique tilleul qui provient de la plantation d'une branche que l'enfant tenait à la main.

Il est donc nécessaire que la capacité des poumons soit en rapport avec l'exercice qu'on demande à l'appareil musculaire ; il en résulte que dans l'entraînement des coureurs le développement des poumons tient une place aussi grande que le développement des muscles.

M. Marey a fait sur ce sujet, à l'école de gymnastique de Vincennes, des expériences extrêmement curieuses, qui présentent en outre ce caractère de précision particulier à tous les travaux du savant physiologiste.

M. Marey a choisi cinq jeunes hommes qui arrivaient à l'école et n'avaient pas encore pris part aux exercices. Il a obtenu la courbe représentant leur respiration à l'aide d'un appareil enregistreur, le *pneumographe;* dans les tracés de cet instrument la longueur de la courbe est proportionnelle à la durée d'un mouvement respiratoire complet, inspiration et expiration, et sa hauteur proportionnelle à l'amplitude de la respiration, c'est-à-dire à la quantité d'air entrée dans les poumons. Dans la figure 14, la courbe (*r*) montre la marche de la respiration des jeunes gens soumis à l'expérience, avant tout entraînement et au repos. On voit que la durée de chaque respiration est très courte, elle n'est que d'environ trois secondes, c'est-à-dire correspond à quinze ou vingt mouvements respiratoires par minute ; quant à l'amplitude de ces mouvements elle est très faible.

On a fait faire alors à ces jeunes gens un trajet de 600 mètres au pas gymnastique, trajet qu'ils ont effectué en quatre minutes environ ; le pneumographe a donné la courbe (*c*), figure 14. On voit que la respiration est précipitée, l'inspiration est beaucoup plus grande qu'au repos, le coureur est très essoufflé.

Un mois après, ces mêmes jeunes gens, qui ont été soumis aux exercices de l'école pendant ce temps, sont examinés de nouveau avant et après avoir couru la même distance de 600 mètres. Le pneumographe donne alors la courbe (*r*) au repos et la courbe (*c*), figure 15, après la course. On voit que déjà la respiration s'est beaucoup modifiée pendant ce seul mois d'exercice : même au repos, son amplitude a presque doublé, après la course l'essouf-flement est beaucoup moins sensible.

En suivant ainsi de mois en mois le développement de la res-piration des mêmes soldats, M. Marey a obtenu la série des

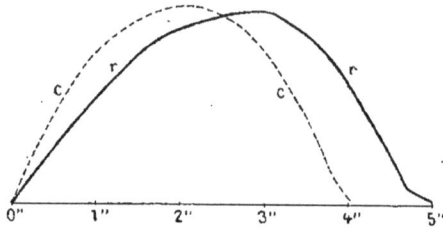

Fig. 17. — Respiration après trois mois et demi d'entraînement.

courbes représentées figure 16, figure 17, figure 18. La comparai-son de ces courbes montre que si dans les premiers temps la res-piration était notablement modifiée par la course, vers la fin des expériences, c'est-à-dire après cinq mois d'entraînement, il était

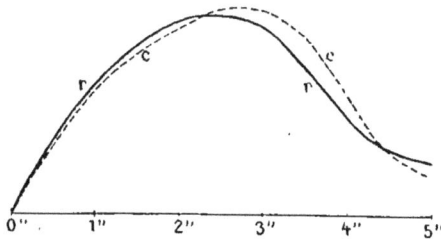

Fig. 18. — Respiration après cinq mois d'entraînement.

Le développement de la respiration d'un coureur. — Les courbes *r* (trait plein) montrent la respira-tion au *repos*. Les courbes *c* (trait pointillé) montrent la respiration après la *course*.

à peu près impossible de constater un changement dans la res-piration des jeunes gens soumis à l'expérience, en comparant les courbes obtenues avant et après la course. Cependant celle-ci était devenue plus rapide : les 600 mètres n'étaient plus parcou-rus qu'en trois minutes et demie. Il n'y avait plus trace d'essoufflement, et le nombre des respirations s'était réduit en moyenne de vingt à douze par minute ; leur amplitude avait plus que quadruplé.

« On peut donc conclure, dit M. Marey, que ces jeunes soldats, après avoir subi les effets de la gymnastique, respiraient environ deux fois plus d'air qu'avant d'avoir été soumis à cet entraînement. »

Leurs poumons s'étaient développés progressivement de façon à pouvoir suffire à l'accroissement de la circulation produit par l'exercice violent auquel ils étaient chaque jour soumis.

L'exercice en général et principalement la course a sur le développement de nos organes et la régularisation de leurs fonctions une influence reconnue par tous les hygiénistes modernes ; telle était également l'opinion des pères de la médecine, Hippocrate, Galien, Avicenne. C'est ainsi qu'Hippocrate, dans le second livre du *régime*, étudie la course et les diverses manières de s'y livrer suivant l'effet physiologique qu'on désire obtenir.

La course est le seul exercice un peu violent qui puisse être soutenu un temps relativement considérable ; elle a pour conséquence un accroissement de longue durée dans la circulation sanguine, elle tend ainsi à favoriser les efforts de l'organisme concourant à réparer les accidents chroniques, l'atonie ou la dégénérescence de nos organes. — Certains médecins en font, contre l'obésité, les maladies chroniques de poitrine, d'estomac, l'anémie, les scrofules, les maladies rhumatismales, etc., une véritable panacée. Or, malheureusement, l'emploi de cette panacée ne concorde guère avec les habitudes urbaines, et sa vie dût-elle en dépendre, une personne ne s'exposera jamais à courir journellement dans une rue, sur un boulevard, une promenade ou un jardin public, de crainte de paraître ridicule. La course ou l'exercice en un lieu clos comme un gymnase ne remplace pas l'exercice en plein air, mais vaut mieux cependant que le repos.

On peut dire qu'avec les habitudes modernes, toute personne d'un certain âge qui veut faire de l'exercice est réduite, sous peine d'être taxée de ridicule, à s'enfermer chez elle et à faire de l'escrime, à se livrer au saut de la corde comme le faisait un médecin célèbre, à danser seul devant une chaise comme le docteur Wead, médecin de George Ier, et l'illustre Scaliger, ou à faire de « l'équitation sur un long bâton » comme la pratiquait le savant *Scriblerus*, exercice qui « à l'occasion, dit-il, produit des merveilles ».

CHAPITRE X

L'ENTRAINEMENT

Les entraîneurs. — L'alimentation. — La privation de boisson. — Le poids de l'entraîné. — Le régime des coureurs. — La soif. — L'hérédité. — Influence de la rate. — Le bâton du voyageur.

Les Anglais sont de grands amateurs de tout genre de sports, un peu pour le spectacle en lui-même, mais surtout comme prétexte à paris. Les sports dans lesquels les concurrents sont des hommes sont nombreux, et les luttes entre boxeurs, rameurs, lutteurs ou coureurs excitent à un très haut degré l'intérêt et l'enthousiasme des spectateurs anglais.

Or, pour préparer les concurrents à ces luttes, il existe des individus spéciaux, de véritables entraîneurs d'hommes.

Ces entraîneurs, ayant tout au moins des connaissances physiologiques pratiques, feront en peu de semaines, de quelqu'un ayant des dispositions ordinaires, soit un boxeur, un rameur ou un coureur émérite. Le candidat à l'une de ces professions ne saurait, paraît-il, s'entraîner complètement lui-même, il doit se confier à un spécialiste. A partir du moment où le contrat est signé avec celui-ci, le candidat ne s'appartient plus. Les contrats d'entraînement contiennent en effet la stipulation d'un dédit énorme en cas de renoncement à la lutte, ou de désobéissance ; en cas de succès les bénéfices sont partagés. L'entraîneur prend alors véritablement possession de son élève ; ses soins et sa surveillance sont de tous les instants, s'exercent la nuit comme le jour, et sur les actes les plus secrets et les plus intimes de la vie.

L'entraînement est non seulement physique mais aussi moral,
l'entraîneur doit « amuser son élève », exciter son enthousiasme,
son ardeur à la lutte, et lui faire oublier les gênes, les privations,
les souffrances qu'il lui impose. Il est vrai qu'il n'y réussit pas
toujours, car, il y a quelques années, le « champion de l'Angleterre » déclarait qu'il aimerait mieux renoncer pour toujours à
toute lutte que de subir de nouveau les souffrances du régime
auquel l'avait soumis son entraîneur.

D'une manière générale, l'entraînement a pour but de développer la respiration, de porter au maximum le système musculaire
en l'appropriant au genre d'exercice choisi, et de faire disparaître tout poids superflu en réduisant à l'extrême limite du
possible le tissu cellulaire, le tissu graisseux, et l'eau surabon-
dante contenue dans l'organisme.

Le régime consiste en aliments riches et de peu de volume,
en viandes rôties, bœuf ou mouton, mais sans gras, une grande
quantité d'œufs crus, ou très peu cuits, peu de légumes et une
très petite quantité de pain, et enfin en une *diminution gra-
duelle de la quantité de boissons;* c'est là, paraît-il, la prescrip-
tion la plus désagréable, mais aussi la plus importante de l'entraînement.

Les exercices sont de deux sortes : les uns visent la diminution
du poids du corps, ils doivent amener une transpiration abondante, l'élève les effectue couvert de flanelle et de lainages, d'ordinaire on les fait suivre de douches froides, on y joint aussi des
purgations et des massages. — Ce sont ceux qui prédominent
dans la première partie de l'entraînement.

Les autres ont pour but de développer les muscles et sont de
plus en plus fréquents et de plus en plus violents à mesure qu'on
approche de la fin de la préparation.

Dans ces exercices on évite avec soin la trop grande fatigue; il
y a quatre, cinq ou six séances par jour.

Les progrès de l'entraînement se mesurent à la diminution
du poids du sujet; cette diminution, qui provient de la perte
d'eau superflue, de tissu cellulaire et de graisse interne, est en

réalité plus considérable que ne l'indique la balance, car une partie du poids est récupérée par l'accroissement des muscles et des tendons.

Voici, comme exemple, la déperdition de poids constatée sur un jeune homme de vingt-cinq ans, garçon boucher anglais soumis à un entraînement de six semaines du 1ᵉʳ mai au 15 juin.

1ᵉʳ mai : poids, avant l'entraînement, 180 livres anglaises (81 kilogrammes).

1ᵉʳ mai au 4	perte	13 livres.
4 — au 14	—	10 —
14 — au 23	—	6 —
23 — au 27	—	3 —
27 — au 3 juin.	—	2 —
3 — au 7 —	—	1 —
7 — au 15 —	—	0 —

Perte de poids totale 35 livres.

ou 14ᵏ,855, soit environ 15 kilogrammes.

On voit qu'au début de l'entraînement la diminution de poids est considérable, à la fin elle est nulle.

On sait que les jockeys, pour arriver au poids réglementaire, se font entraîner et parviennent en quelques jours à perdre 20 ou 25 livres (10 ou 15 kilogrammes), qu'ils regagnent tout aussi promptement après la course quand il leur est permis de boire à leur soif.

Au commencement du xviiᵉ siècle un célèbre médecin, professeur à l'Université de Padoue, *Sanctorius*, fit en expérimentant sur lui-même (fig. 19) de curieuses études, dont le but était de déterminer l'influence de la transpiration sur le poids du corps et sur l'état de nos organes.

On peut dire que le régime auquel les entraîneurs soumettent leurs élèves est en grande partie l'application des théories du savant physiologiste italien.

Comme exemple des résultats auxquels peut arriver l'entraînement rationnel d'un individu au point de vue de la course, on estime qu'un homme non entraîné ne peut guère courir plus d'un mille (1609 mètres) sans être épuisé. Un coureur anglais moderne, après 2 ou 3 mois d'entraînement, peut courir pendant six, sept, huit heures de suite et parcourir 15, 20 kilomètres à l'heure. Wils, de Vindsor, a parcouru plusieurs fois 160 kilomètres en huit heures.

Fig. 19. — Sanctorius prenant son repas dans une balance.

Le docteur Pavy a étudié le rôle de l'azote dans l'exercice sur un *pedestrian* qui faisait 176 kilomètres dans une journée.

On voit qu'on peut appliquer à la course cette maxime de morale : « L'homme est éminemment perfectible. »

Les coureurs de profession se sont de tout temps soumis à un régime spécial dans lequel l'abstinence des boissons se retrouve d'une façon constante.

Ainsi les anciens domestiques coureurs des nobles anglais, les *foot-men*, dont nous avons parlé, suivaient une hygiène particulière, analogue à celle de l'entraînement; ils ne mangeaient que des viandes noires, peu cuites, des œufs, etc.; leur quantité de boisson était strictement mesurée. Pendant leurs courses ils tenaient à la main un grand bâton qui leur servait de balancier et de moyen de défense; la tête de ce bâton consistait en une grosse boule d'argent, qui renfermait quelques œufs durs et un peu de vin blanc : c'étaient là les provisions des *foot-men.*

Les *peichs*, les coureurs du Grand-Turc au moyen âge, portaient dans un mouchoir un peu de confiture et des dragées avec lesquelles ils s'humectaient la bouche sans s'arrêter.

Le fameux Mensen, pendant ses courses à travers l'Europe, suivait un régime des plus sévères, il ne mangeait qu'un biscuit, et de temps en temps prenait quelques gouttes de sirop de framboises, mais la quantité de boisson qu'il absorbait par jour ne dépassait pas une once.

Le jour de la course, les coureurs de profession prennent soigneusement garde de se surcharger de tout poids de nourriture superflu. Ils ne font qu'un repas composé d'aliments substantiels mais de faible volume, et qui doit être terminé trois ou quatre heures avant le moment du départ. Une heure avant celui-ci, les coureurs français prennent généralement une tasse de café noir avec quelques bouchées de pain grillé ; les coureurs, boxeurs et rameurs anglais prennent du thé au lieu de café, mais toujours avec du pain grillé auquel on attribue une vertu excitante.

Pour les courses qui doivent durer plusieurs heures à une allure rapide, les coureurs emportent d'ordinaire un morceau de citron dont ils prennent quelques bribes pour se rafraîchir la bouche.

D'autres emploient dans le même but un peu de borax, ce qui provoque la salivation.

On sait que les voyageurs qui ont à accomplir de très longs trajets pendant lesquels ils sont exposés à une soif intense atténuent celle-ci en tenant dans leur bouche un petit caillou. Une voyageuse justement célèbre, à laquelle la science doit de précieuses découvertes, madame Carlo Serena, a accompli ses longs voyages en portant toujours le même petit caillou, qui lui a épargné, dit-elle, bien des souffrances et qu'elle considère comme une sorte de talisman.

Les Arabes se servent dans le même but d'un noyau de datte qu'ils tiennent constamment dans leur bouche. « Voyez la bonté d'Allah! disait un marabout, il vous a donné pour la traversée du désert un fruit dont la chair vous nourrit et dont le noyau calme votre soif. »

Les indigènes péruviens accomplissent des voyages de plusieurs jours, n'emportant pour toutes provisions que quelques feuilles de cette merveilleuse plante, la *coca*, qu'ils mâchent constamment.

Il y a quelque temps s'exhibait en Angleterre un marcheur dont le but était de démontrer expérimentalement les avantages de la tempérance et de l'eau comme boisson. Weston, c'était son nom, suivait ce régime et mettait au défi un buveur de bière de le vaincre à la marche. Il a accompli une « démonstration » consistant à faire pendant 100 jours de suite 50 milles par jour, soit quatre-vingts kilomètres. Weston allait de ville en ville, et quand le temps ne lui permettait pas d'accomplir son trajet sur une route ou sur un hippodrome quelconque, il le faisait dans une salle, autour d'un billard, sur la piste d'un cirque. Mais il ne buvait, prétendait-il, que de l'eau pure, et encore il n'en absorbait qu'un quart de litre par jour.

L'hérédité, qui joue un rôle si considérable dans le sport hippique, montre également son influence dans la physiologie des coureurs; seulement, comme de nos jours ceux-ci sont relativement rares, l'hérédité se fait peu sentir. Au moyen âge, alors que les coureurs avaient une grande utilité et étaient très nombreux, il y avait des familles renommées dont la noblesse se disputait les services.

L'influence de l'hérédité sur la disposition à la course avait du reste été notée dès l'antiquité : en Grèce, où les exercices du corps étaient très appréciés, on tenait soigneusement la liste des vainqueurs aux Jeux Olympiques, et plusieurs historiens ont fait remarquer que les mêmes noms revenaient un grand nombre de fois; il y avait de véritables familles de vainqueurs. On cite notamment ce fait :

« Une femme assista sous un déguisement aux Jeux Olympiques : c'était un crime capital, la loi prononçait dans ce cas la peine de mort ; cependant cette femme fut absoute par le juge parce qu'il se trouva que son père, ses frères et son fils avaient été vainqueurs. »

Dans les pays de montagnes on rencontre encore des familles renommées pour leur résistance à la fatigue de la marche ; on a cité par exemple celle des Balmat. Lors de sa dernière tentative pour arriver au mont Blanc, Jacques Balmat passa, dit-on, six jours et quatre nuits sans dormir ni se reposer un moment. Or, plus tard un de ses fils, Édouard Balmat, se trouvant à Paris et ayant à rejoindre son régiment à Genève, parcourut 546 kilomètres en cinq jours.

Il est une question discutée depuis l'antiquité : quelle est l'influence de la *rate* sur la plus ou moins grande agilité des coureurs ?

La rate est un organe assez singulier dont les fonctions ne sont pas bien connues.

C'est une glande couleur lie de vin, placée dans l'hypocondre gauche ; elle est attachée sur la paroi extérieure de l'estomac. La figure 20 montre la place que cet organe occupe dans le corps humain : on voit qu'il est séparé de l'extérieur du corps par le diaphragme, la base du poumon quand celui-ci est distendu au moment de l'inspiration, par les côtes, et les muscles formant les parois de la poitrine.

La rate a une forme aplatie ; sa longueur est d'environ 12 centimètres, sa largeur de 8 centimètres, son épaisseur de 3 centimètres, son poids dépasse rarement 225 grammes ; quelquefois on trouve chez le même individu deux ou plusieurs rates supplémentaires de dimensions variables. Le tissu de cet organe est très friable et fait entendre, quand on le presse, un bruit analogue au « cri de l'étain ».

La rate se gonfle et devient très volumineuse dans les fièvres intermittentes, les fièvres paludéennes ; elle est aussi le siège d'une inflammation que l'on désigne sous le nom de *splénite*, dans ce cas elle déborde les fausses côtes et produit une tumeur saillante à la surface de la peau.

On a quelquefois occasion de sentir douloureusement cet organe, même à l'état de santé : c'est quand à la suite d'un exercice violent, ou d'un rire un peu prolongé, on ressent tout à coup une douleur assez vive, un point de côté à gauche ; cette douleur se fait sentir à la rate. De là, pour les anciens physiologistes, une raison suffisante pour établir une relation immédiate entre la rate et le rire, et ce même organe et un exercice violent comme la course. La rate était considérée comme le siège du rire, on traitait les gens tristes, les mélancoliques en soignant leur rate. Le « spleen » a gardé le nom qui lui a été donné à une époque où on attribuait cette maladie à la rate, cet organe ayant en grec le nom de σπλήν.

Au point de vue des coureurs, il était naturel pour les physiologistes de l'antiquité de déduire que cet organe, n'ayant pas de fonction bien connue, étant d'un autre côté le siège de points de côté douloureux, constituant en outre un poids inutile à transporter, devait être enlevé chez les individus se destinant à la course. Cette opinion s'est perpétuée jusqu'à nos jours dans le public. Le proverbe dit encore : « Courir comme un dératé. »

Les athlètes grecs cherchaient à faire « fondre » leur rate au moyen de certains breuvages dont la composition ne nous est pas parvenue. — Les coureurs romains usaient du même procédé. Pline parle d'une plante appelée *equisetum* dont il fallait prendre une décoction pendant trois jours après s'être abstenu pendant vingt-quatre heures de tout aliment, traitement qui amenait, croyait-on, la résorption de la rate. La pharmacopée moderne n'a connaissance d'aucune plante jouissant de cette propriété[1].

Le feu était aussi employé dans le même but. Hippocrate conseille d'appliquer sur la région de la rate huit à dix champignons desséchés, auxquels on met le feu. Ces espèces de moxas suffisaient, croyait-il, pour fondre la rate.

1. Le sulfate de quinine amène la résolution des engorgements de la rate provenant de fièvres paludéennes.

On employait aussi à cette époque, dans le même but, un
cautère à trois dents qu'on appliquait à plusieurs reprises sur la
peau.

Le docteur Godefroy Mœbius, qui vivait au dix-septième siècle,
raconte avoir vu dans la ville d'Halberstadt un coureur auquel
on avait brûlé la rate à nu, c'est-à-dire qu'on l'avait endormi à
l'aide d'un narcotique, puis on lui avait fait une incision au côté

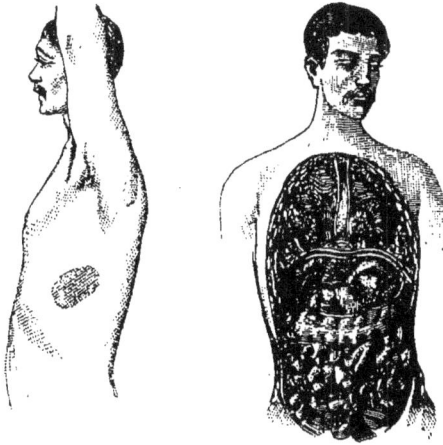

Fig. 20. — Place de la rate dans le corps humain.

et brûlé alors directement la glande à l'aide d'un fer légèrement
rougi. Sur trois individus auxquels on avait fait cette opération,
un seul était mort.

A la même époque, certains médecins prétendaient extirper la
rate de la façon suivante : ils appuyaient la lame d'un couteau
de bois sur le côté gauche du malade, donnaient un fort coup de
marteau sur le dos de l'instrument et soutenaient que la rate
s'était détachée par le contre-coup; ils administraient ensuite
des remèdes à leurs malades pour diviser et rejeter, disaient-ils,
l'organe ainsi détaché.

Il est, je pense, inutile de faire remarquer qu'aucun de ces
prétendus moyens visant à faire disparaître la rate ne pouvait

GUYOT-DAUDÈS. 6

être efficace ; cet organe a une position trop interne dans le corps humain pour être influencé sensiblement par des procédés aussi superficiels ou aussi imparfaits.

Il y a de nombreux exemples d'animaux et même d'individus ayant subi avec succès l'ablation complète de la rate, mais cette ablation constitue une des opérations difficiles et délicates de la chirurgie moderne.

On doit donc regarder la suppression de la rate chez les coureurs comme un préjugé à mettre à côté de ceux qui font encore attribuer, de nos jours, à certains bons marcheurs la possession de la *jarretière du diable*, dans la composition de laquelle entre de la peau de loup, des cheveux de pendu, etc., ou de la *ceinture magique*, ou du *bâton du voyageur*, dont parle Albert le Grand, qui rend infatigable celui qui le porte et le préserve de l'attaque des brigands, des chiens enragés, des bêtes féroces et... de la rapacité des hôteliers.

La chaussure que porte le coureur ou le marcheur a sur la rapidité et la continuité de la marche et de la course une influence très grande. Un coureur qui se chausserait de sabots ou de gros souliers ferrés d'Auvergne perdrait évidemment toute son agilité.

Les coureurs seraient beaucoup plus lestes et atteindraient une vitesse plus grande s'ils pouvaient courir nu-pieds, sans aucune chaussure. Mais pour cela il faudrait que la plante du pied fût chez eux suffisamment durcie, pour résister aux inégalités du sol, aux cailloux, aux corps durs qu'il pourrait rencontrer.

Bien souvent, dans les courses qui ont lieu à la campagne aux fêtes de village, les concurrents courent nu-pieds. Or la course a lieu d'ordinaire sur une route macadamisée sur laquelle le pied rencontre soit de petits cailloux imparfaitement broyés, anguleux, coupants, ou tout au moins des inégalités très dures et très sensibles aux pieds qui n'ont pas été endurcis par l'habitude de marcher sans chaussures ou de marcher avec des sabots. Quelquefois la course a lieu dans une prairie récemment fauchée, dans laquelle chaque tige d'herbe durcie par le soleil se transforme en véritable pointe épineuse; les jeunes campagnards courant pieds nus sur celle-ci ne semblent point en souffrir.

La chaussure du coureur ou du marcheur doit donc être aussi légère, aussi souple que possible, elle ne doit avoir pour but que de préserver le pied des atteintes du sol, elle doit lui laisser toute la mobilité de ses articulations, toute sa souplesse, son mode d'appui, sa largeur, qui assure sa stabilité dans la marche ou la course, ne pas entraver la circulation des nombreux vaisseaux qui le sillonnent, et d'autres conditions qu'il serait trop long d'énumérer.

L'importance d'une chaussure rationnelle concerne non seulement les coureurs et marcheurs de profession, mais nous tous qui, dans la vie ordinaire, avons plus ou moins à marcher, et elle est importante surtout pour les soldats, pour les fantassins. Il suffit d'une visite à la curieuse collection de chaussures du Musée de Cluny pour se rendre compte du rôle qu'ont joué l'imagination, la mode, la fantaisie dans cette question, et cela non seulement dans les chaussures du commun public, mais encore dans celles des troupes. Pour un grand nombre de spécimens exposés, on peut dire qu'un sauvage amené devant la collection pourrait chercher longtemps avant de trouver quels sont les organes que ces étranges appareils sont appelés à protéger.

A la grande exposition d'hygiène de Londres de 1884, divers spécimens de chaussures ayant pour but de faciliter la marche, soit dans la vie ordinaire, soit pour l'armée, étaient exposés, mais sans résoudre complètement le problème. Or l'importance de celui-ci au point de vue de l'armée peut se résumer en deux mots : les bonnes chaussures font les bons marcheurs, les bons marcheurs font les bons soldats.

LES SAUTEURS

CHAPITRE XI

LE SAUT EN HAUTEUR

L'utilité de savoir sauter. — Le mécanisme du saut. — La loi de Cuvier. —
Les animaux sauteurs. — La photographie instantanée.

« Tu ne peux même pas prévoir le matin tout ce que tu seras
appelé à faire pendant le jour », dit une sentence arabe. En
d'autres termes, on a souvent à exécuter des actes qui semblaient
complètement improbables quelques instants auparavant. En
voici un exemple se rapportant à notre sujet.

Au retour des courses d'Enghien, deux ou trois cents Parisiens
se dirigeaient à pied vers le sentier qui conduit vers la gare à
gauche du petit lac. Ils avaient à traverser un ruisseau sur un
pont formé de quelques planches en fort mauvais état : sous un
poids trop considérable le pont s'écroule, et les amateurs de
courses viennent s'étager le long du ruisseau qui, malgré sa faible
largeur, un mètre et demi à peine, leur barre le chemin du
retour. Quatre ou cinq jeunes gens franchissent l'obstacle d'un
bond, une dizaine de personnes les imitent, l'une d'elles tombe
dans l'eau. Plus de cent cinquante autres se décident alors à faire
le grand tour par la route des voitures. C'est-à-dire que, pour
n'avoir pas pu franchir un ruisseau d'une faible largeur, ces

personnes durent faire un détour de 2 kilomètres, s'exposer à
toutes les conséquences d'ennuis et de vexations qui pouvaient
en résulter.

A la chasse, dans les excursions, les voyages, en guerre, pouvoir
passer un talus, sauter un obstacle, se laisser tomber de plusieurs
mètres, est un talent pour ainsi dire indispensable qu'on a à
chaque instant occasion d'utiliser.

Le mécanisme du saut est beaucoup plus simple que celui de
la marche ou de la course.

Voici, par exemple, comment s'exécute le saut en hauteur à
pieds joints dont les autres ne sont, pour ainsi dire, que les dérivés.

Le sauteur reposant sur la pointe des pieds plie les genoux,
penche le corps sur les cuisses, puis, après un ou deux balance-
ments, contracte tout à coup ses muscles extenseurs, les articulations sont brusquement redressées, le poids du corps est soulevé,
et en vertu de la vitesse qu'il a acquise dans ce soulèvement il
est porté au-dessus du sol à une hauteur assez grande pour que
les membres inférieurs ne touchent plus celui-ci [1].

Si le corps, avant que l'impulsion lui soit donnée, est très incliné en avant, le saut a lieu en largeur.

Si une forte impulsion horizontale est obtenue par une course
rapide précédant l'action du saut, celui-ci a lieu soit en largeur,
comme quand il s'agit de franchir un fossé, soit en hauteur et
largeur, pour franchir un talus, une barrière.

Il est à remarquer que le centre de gravité du corps du sauteur,
sous l'influence des deux forces auxquelles il est soumis, d'abord
la force d'impulsion qui le maintient en l'air pendant un instant,
et en second lieu l'action de la pesanteur, parcourt une courbe
qui est une parabole analogue à la trajectoire d'un boulet de
canon.

L'individu qui franchit un obstacle en hauteur élève non
seulement son centre de gravité par la vitesse acquise provenant

1. Voy. *La photographie instantanée*, de M. Marey, numéro de la *Nature*
du 29 septembre 1883, p. 276.

de la détente de ses muscles, mais de plus il replie ses jambes, porte
ses pieds en avant, de sorte que la hauteur réelle du saut est celle
de l'obstacle moins la longueur des membres inférieurs du sauteur.

Ainsi un individu de taille moyenne, 1ᵐ,70 par exemple, qui
saute une barrière de 0ᵐ,75, n'a d'impulsion à prendre, d'effort à
faire, que celui qui est nécessaire pour maintenir son corps dans
l'espace pendant la durée du saut, 0ᵐ,75 étant à peu près la longueur de ses membres inférieurs.

S'il franchit une hauteur de un mètre, son centre de gravité
devra s'élever de 0ᵐ,25; pour un obstacle de 1ᵐ,50 de hauteur,
l'élévation du centre de gravité devra être de 0ᵐ,75.

Le travail estimé en kilogrammètres serait de 0 kilogrammètre
dans le premier cas, de 18 kilogrammètres pour un saut de
1 mètre, et de 56 kilogrammètres pour un saut de 1ᵐ,50. On voit
dans quelle énorme proportion croît l'effort comparativement à
la hauteur à atteindre.

L'écuyer de l'Hippodrome qui, ces temps derniers, sautait du
sol debout sur un cheval lancé au galop, faisait non seulement
preuve d'une grande adresse, mais encore d'une agilité remarquable, car la hauteur du cheval était d'environ 1ᵐ,65.

Cette différence entre la hauteur franchie et l'élévation nécessaire du centre de gravité est surtout à considérer chez les
animaux sauteurs. On peut prendre comme exemple le fameux
cerf *Coco* du cirque Franconi, qui passe au-dessus d'un cheval. En arrivant près de l'obstacle il se dresse debout presque
verticalement, son centre de gravité est très élevé, il dépasse le
dos du cheval, et alors le cerf, sans effort pour ainsi dire, pivote
sur l'obstacle et retombe de l'autre côté.

Le magnifique cheval de l'Hippodrome, qui exécute cet exercice extraordinaire de sauter au-dessus de trois autres chevaux
placés côte à côte, a besoin d'une impulsion, d'un effort beaucoup plus considérable, en raison de son poids, de la largeur de
l'obstacle à franchir, et de ce fait qu'avant de s'élancer il se
dresse beaucoup moins verticalement, élève moins son centre
de gravité que son confrère le cerf Coco.

Un dernier exemple pris dans l'espèce humaine : deux de nos
camarades, dans une école, étaient d'une agilité remarquable,
bien que très différents de complexion : l'un était grand et mince
avec de longues jambes ; le second, de nationalité grecque, était
petit, 1^m,30 à peine, mais bien proportionné et très vif. Le théâtre
de leurs luttes était le plus ordinairement une salle de cours, et
l'obstacle à franchir le dessus de la chaire que le professeur venait

Fig. 21. — Fac-similé d'une photographie instantanée d'un sauteur.

de quitter, c'est-à-dire une hauteur de 1^m,60 environ. L'un et
l'autre y arrivaient d'un seul bond fait à pieds joints. L'élévation
du centre de gravité était chez le grand d'environ 0^m,80 et chez
le petit de plus d'un mètre. Ce dernier exemple vient confirmer
une loi physiologique très curieuse.

En multipliant le poids de chacun de ces deux jeunes gens par
l'élévation de leur centre de gravité, on trouve que le travail
devait être de 60 kilogrammètres pour le plus grand et de 50
kilogrammètres pour le plus petit. Le rapport de l'effort d'impulsion à la hauteur des individus aurait donc été comme 1 : 3 pour

le premier et comme 1 : 2,5 pour le second, c'est-à-dire que l'a-
gilité de celui-ci, du plus petit sauteur, était beaucoup plus considérable. Ces chiffres démontrent que la loi établie par Cuvier
pour la série animale peut s'appliquer à l'espèce humaine.
Cuvier disait que « dans l'échelle des animaux l'étendue de
l'espace parcouru par l'un d'eux en sautant est inversement pro-

Fig. 22. — Autre photographie instantanée d'un sauteur.

portionnelle à son poids », ou, en d'autres termes, plus les animaux sont petits, mieux ils sautent.

Or journellement on voit la justification de cette loi. Dans
les fameuses courses d'éléphants avec obstacles que Barnum
montrait l'année dernière à New-York, les énormes animaux
franchissaient des haies et des barrières d'environ un mètre,
c'est-à-dire n'atteignaient que le tiers environ de la hauteur
de leur centre de gravité[1].

1. La hauteur du centre de gravité est la distance de ce point au sol
quand l'animal est debout au moment où il prend son élan.

Le cheval saute un peu plus que cette hauteur. Le daim, l'élan, la gazelle, le cerf, le chevreuil, sautent une fois et demie environ la hauteur de leur centre de gravité. Le lion saute deux fois cette hauteur. Le tigre, le léopard, la panthère, de deux à trois fois, le chien et surtout certaines espèces atteignent le même rapport ; le lièvre, la gerboise viennent ensuite. Le chat, le chat sauvage principalement, semble être un des meilleurs sauteurs parmi les quadrupèdes ; nous avons vu un chat faire un bond de deux mètres de bas en haut. Si on considère les insectes, on trouve dans certains de ceux-ci une agilité prodigieuse ; nous ne citerons que la puce, le *père du saut* comme l'appellent les Arabes, qui atteint en sautant une hauteur dépassant 100 fois sa longueur totale.

La loi de Cuvier est donc facile à vérifier dans la série animale, et même, comme nous venons de le voir, dans l'espèce humaine considérée isolément. Du reste, pour ce qui concerne celle-ci, on peut remarquer que dans tous les exercices du corps demandant de l'agilité, de la souplesse, de l'énergie, les hommes moyens ou même petits sont plus agiles que les individus d'une taille élevée quoique bien proportionnés.

Dans les courses de taureaux dites « courses Landaises », très en faveur dans le midi de la France, et beaucoup moins cruelles que les courses espagnoles, il y a, pour ainsi dire, assaut d'agilité entre le taureau furieux et les bergers landais. Ceux-ci sont en général des hommes petits ou de taille moyenne, admirablement bien faits, souples et lestes. Leurs exercices consistent d'abord à « écarter » le taureau ; celui-ci étant excité se précipite tête baissée sur l'écarteur qui l'attend de pied ferme et saute légèrement de côté à l'instant où le formidable coup de tête de l'animal va l'atteindre. Cet exercice se répète un grand nombre de fois dans une même séance. Souvent même l'écarteur se lie les jambes avec un mouchoir ou se place les deux pieds dans son béret et attend le taureau ; celui-ci arrive au galop, se précipite, mais le berger fait un saut vertical prodigieux à pieds joints, l'animal passe au-dessous de lui, et le jeune homme retombe légèrement sur le sol. Comme exercice final, un des bergers doit enlever une cocarde de rubans placée entre les deux cornes du taureau. Après avoir fait évoluer à son gré l'animal en furie et avoir évité ses atteintes par des sauts variés, après avoir déployé une grâce, une agilité qui enthousiasment le public, il laisse arriver le taureau, s'incline légèrement de côté, disparaît un instant dans le tourbillon de poussière que celui-ci soulève sur son passage et reparaît saluant d'une main et tenant de l'autre la cocarde.

Il y a peu d'exemples, outre ceux que nous avons rapportés, de sauts extraordinaires de bas en haut, et cela pour la raison bien simple que l'homme qui, à la chasse ou en combattant, se trouve devant un obstacle tel qu'un mur ou un talus de quelque éléva-tion, le franchit en s'aidant des mains, ce qui lui demande un effort beaucoup moins considérable que s'il le sautait.

Le saut exécuté en posant les mains sur le sommet de l'obs-tacle est relativement facile; dans les jardins publics ou sur les boulevards on voit journellement des enfants sauter, en posant les mains sur le dossier, les bancs doubles de ces promenades. Un homme agile peut de cette façon franchir un cheval de bois de gymnase, ou un talus de 1m,50 à 1m,60 de hauteur; un acrobate atteindra par le même moyen 1m,70, 1m,80 ou même davantage.

Nous donnons ci-joint deux photographies instantanées de sauteurs obtenues à l'aide de l'appareil de M. le docteur Candèze. La première représente un jeune homme franchissant en même temps qu'un chien une perche tendue horizontalement. La seconde représente un autre sauteur passant au-dessus de la tête d'un camarade, mais s'étant aidé d'un tremplin pour prendre son élan.

CHAPITRE XII

SAUTEURS DIVERS

Le saut en largeur. — Le tremplin. — Les clowns sauteurs. — Le saut
périlleux. — Charles IX. — Les sauts de haut en bas.

Le saut en largeur donne des chiffres beaucoup plus élevés
que le saut en hauteur ; il s'exécute soit à pieds joints sans élan,
ou bien après avoir parcouru quelques mètres très rapidement
afin que le corps, après l'impulsion, soit projeté le plus loin
possible. Pendant le bond, les jambes sont portées en avant et
peuvent ainsi augmenter la largeur franchie de presque toute
leur longueur. De nos jours, dans les gymnases, on dit souvent
en parlant de quelqu'un d'une grande agilité : « *Il sauterait une
écluse* » ; en réalité cette expression doit être considérée comme
métaphorique, comme synonyme de franchir une largeur de
5 à 6 mètres, ce qui est tout différent. Essayer de « sauter une
écluse » présenterait un très grand danger, et cela, non seulement en raison de la largeur de celle-ci, mais aussi en raison
de ses deux rebords sur lesquels le pied est exposé à glisser soit
au départ, soit du côté opposé ; puis en outre à cause du peu
de recul que présentent les berges, ce qui rend impossible la
prise d'un élan assez fort. Malgré le nombre des individus qui
prétendent pouvoir sauter une écluse, nous croyons que ce saut
n'a été exécuté d'une manière authentique que très exceptionnellement.

L'histoire et les traités de gymnastique rapportent un très

Fig. 23. — Sauteur indien franchissant un éléphant et plusieurs chameaux (d'après le colonel Ironside).

grand nombre d'exemples de largeurs considérables franchies en sautant ; en voici quelques-uns.

Un sauteur grec, Phayllus de Crotone, franchissait, d'après Eustathe, un espace de 54 à 56 pieds, c'est-à-dire 16ᵐ,84 à 17ᵐ,25, le pied olympique correspondant à 0ᵐ,3082 de nos mesures actuelles. Du reste, les historiens grecs et romains donnent comme assez fréquents des sauts d'une cinquantaine de pieds, exécutés par des athlètes. Si ces chiffres ne présentent pas d'exagération, nos sauteurs modernes sont bien dégénérés.

Cependant le colonel Amoros, dans son *Traité d'éducation physique*, cite un Anglais qui a sauté « le fossé du jardin Mousseau qui a 30 pieds ; — le plus fort de mes élèves à Paris, dit-il, a sauté 16 pieds en largeur, et à Madrid un jeune homme de 18 ans a sauté 18 pieds (6 mètres). »

Parmi les sauts extraordinaires en largeur se place celui que fit une jeune fille écossaise qui, suivant une légende, pour fuir un grave danger, sauta du sommet d'une tour sur celui d'une autre distant de 9 pieds, et cela au-dessus d'un abîme de 60 pieds. On montre encore aux voyageurs l'endroit où se fit ce prodige ; on le désigne sous le nom du « Saut de la Vierge ».

Entre Broquès et Albi sur le Tarn, se trouve la cataracte du Saut-de-Sabo ; la rivière se précipite de quarante mètres de hauteur ; au-dessus du gouffre, les deux rives se rapprochent et laissent un espace de deux mètres et demi ; or la légende rapporte qu'il y a deux cents ans environ, deux jeunes gens franchissaient chaque soir le précipice pour se rendre à la demeure d'une jeune fille dont chacun d'eux sollicitait la main. L'un des amoureux résolut de se débarrasser de son rival : il plaça dans ce but, à terre sur l'un des bords du précipice, une poignée de pois secs, et quand celui-ci voulut prendre son élan, ses pieds glissèrent et, d'une hauteur de quarante mètres, il fut précipité dans le torrent. Depuis ce jour on désigne la cascade sous le nom de *Saut-de-Sabo*, du nom de la victime.

Alexandre Dumas père, qui était très agile et très vigoureux, parle plusieurs fois dans ses voyages de largeurs de 10 à 12 pieds franchies par lui.

Les acrobates et les gymnasiarques, pour sauter en hauteur et en largeur, se servent presque toujours d'un *tremplin* qui double ou triple la puissance de leurs bonds. Le *tremplin* se compose le plus ordinairement d'une planche suffisamment résistante, bien qu'ayant une grande élasticité. Une de ses extrémités repose sur le sol, l'autre sur un chevalet qui lui donne une inclinaison de 25 à 30 degrés. Un tremplin perfectionné consiste dans une espèce de boîte ayant l'aspect d'un gros coussin rembourré, cette boîte renferme une série de bandes d'acier ressemblant un peu à des ressorts de voiture et agissant de même par leur élasticité. Quand le sauteur, après avoir pris son élan, arrive sur le tremplin, celui-ci cède sous le choc, puis se redresse en donnant au sauteur une impulsion qui vient s'ajouter à celle résultant de la détente de ses muscles. Cette impulsion est considérable, et voici quelques exemples des résultats obtenus par des acrobates.

Au cirque Fernando tous les clowns sautaient dernièrement au-dessus de dix ou douze chaises placées côte à côte. Sur la dernière un homme était assis; ils faisaient cet énorme bond en tournant sur eux-mêmes. Au même cirque, un des clowns saute au-dessus de huit personnes se tenant debout coude à coude.

Souvent on voit des acrobates passer d'un bond au travers d'un cercle garni de pipes en terre ou de poignards, ce cercle étant tenu par un homme debout les bras levés. Le cercle est quelquefois remplacé par deux épées dont les pointes sont croisées en l'air. Ces jeux étaient connus des Grecs et même exécutés par des femmes dans les divertissements qui suivaient les grands festins, ce qui faisait dire au sage Socrate : « Il me semble que faire des culbutes à travers un cercle d'épées nues est un divertissement qui ne convient guère à la gaieté d'un festin. Est-il plus récréatif de voir une belle personne se tourmenter, s'agiter, faire la roue, que de la contempler calme et tranquille? »

Parmi les sauteurs extraordinaires on peut citer cet Anglais qui, d'après M. Srutt[1], sautait au-dessus de neuf chevaux rangés

Fig. 24. — Fac-simile d'une série de photographies instantanées représentant dans ses positions successives un clown faisant un saut périlleux (d'après des photographies de M. Muybridge).

côte à côte. On lui tendait une bande à 14 pieds de haut, il la

1. Jeux et amusements du peuple anglais.

franchissait d'un seul bond. Il crevait d'un coup de pied une vessie suspendue à 16 pieds (4^m,80) de haut. Une autre fois il franchissait une lourde voiture couverte de sa banne.

Dans un autre cirque, nous avons vu un jeune homme sauter au-dessus de quatre chevaux, dont un, celui du milieu, portait un cavalier. A l'Hippodrome, un sauteur franchissait, en 1885, 12 chevaux placés côte à côte.

L'expérience de la vessie a été exécutée à Paris il y a quelques années par une troupe de sauteurs et de disloqués qui s'exhibaient aux Folies-Bergère; l'un d'eux crevait d'un coup de pied une vessie que son camarade monté sur une chaise tenait le bras tendu horizontalement. Il abattait aussi de la même façon un chapeau posé sur la tête d'un individu monté sur une table.

Une anecdote se rapporte à ce genre d'exercice : au milieu du dix-huitième siècle, se révéla à la foire Saint-Germain un sauteur du nom de Grimaldi qui devint bientôt célèbre et fut appelé à jouer devant la cour dans un divertissement intitulé *le Prix de Cythère*. « Il avait parié, rapporte M. Victor Fournel, qu'il bondirait jusqu'à la hauteur des lustres de la scène; il tint si bien parole que du coup qu'il donna dans celui du milieu il en fit sauter une pierre à la figure de Méhémet-Effendi, ambassadeur de la Porte, qui se trouvait dans la loge du roi. A l'issue du spectacle, Grimaldi se présenta devant lui, espérant une récompense; mais il fut rossé haut et ferme par les esclaves de l'ambassadeur qui prétendaient qu'il avait manqué de respect à leur maître. »

L'Inde est le pays par excellence des bateleurs, des jongleurs, des disloqués, etc., qui exécutent des tours fort curieux. Si l'on en croit le récit des voyageurs, on y rencontre des sauteurs qui dépassent en légèreté tout ce qu'on a jamais rapporté de plus invraisemblable sur les sauteurs européens.

Sauter par-dessus vingt personnes ayant les bras élevés est, paraît-il, une chose assez simple pour un sauteur indien. Le colonel Ironside raconte avoir vu un vieillard à barbe blanche qui franchissait d'un saut un groupe formé d'un éléphant flanqué de cinq ou six chameaux, et malgré cela le vieillard regrettait la légèreté de sa jeunesse (fig. 23).

Un des tours des plus gracieux et des plus brillants comme mise en scène, exécuté par les sauteurs indous, est celui des écharpes. Une douzaine d'hommes, rangés côte à côte sur deux rangs, tiennent, les bras élevés, une série d'écharpes de soie aux couleurs vives. Le sauteur, vêtu d'un costume de soie blanche garni de franges d'or, circule sous cette voûte brillante, puis tout à coup, prenant son élan et faisant un bond prodigieux, il passe au-dessus des écharpes en tournant deux fois sur lui-même.

A propos du saut avec culbute, du saut périlleux, citons un fait historique fort peu connu. Charles IX, le fils de Catherine de Médicis, était beaucoup plus passionné pour les exercices du corps que pour la politique, et pendant que sa mère gouvernait, il s'exerçait à la lutte, à la course, faisait de l'escrime et enfin cultivait d'une façon spéciale le saut périlleux. Ce fait s'est transmis à la postérité par un ouvrage[1] de son professeur, le fameux sauteur italien Archange Tuccaro. Tuccaro dit en effet : « ... Ce magnanime roi était désireux au possible de s'exercer à ces sauts périlleux ès quels j'avais l'honneur de lui servir de maître », et il parle avec enthousiasme des progrès de son élève.

Le dessin que nous donnons fig. 24 représente huit photographies instantanées prises successivement par M. Muybridge pendant le court espace de temps nécessaire à un clown pour exécuter un saut périlleux. On voit d'une façon frappante le clown, prenant son élan et se renversant en arrière, pivoter sur lui-même, puis, au moment de tomber, porter rapidement les jambes en avant de façon à retomber sur ses pieds.

Ces mouvements si rapides que l'œil ne peut saisir dans leurs détails sont analysés par la photographie instantanée, et si on dispose ces figures sur une bande de carton pouvant être mise dans un zootrope, en faisant tourner l'appareil on verra le clown exécutant le saut périlleux.

---

1. *Trois dialogues de l'exercice de sauter et de voltiger en l'air.* — Paris, 1599.

Les sauts extraordinaires de haut en bas sont très nombreux, et la raison en est que la plupart du temps ils sont involontaires ou à peu de chose près.

Bien souvent ils ont été accomplis pour éviter un danger, une poursuite, un incendie par exemple. Dans ce genre de saut il y a toujours un aléa terrible, c'est qu'on ne peut savoir quelles seront les conséquences de l'arrivée, de la rencontre du corps avec le sol.

On raconte qu'Arlequin, tombant du haut d'un clocher, criait pendant sa chute : « Pourvu que cela dure, mon Dieu! pourvu que cela dure! » Ce désir prouvait chez son auteur une grande sagesse.

Cependant ces chutes sont souvent exécutées par des gymnasiarques ou des acrobates de profession. Le colonel Amoros, que nous avons déjà cité, parle d'un saut de haut en bas en arrière exécuté d'une hauteur de 35 pieds, soit 11^m,35, sur une terre dure; et d'un autre de 25 pieds (8^m,25), en avant avec chute sur le pavé.

Journellement, dans les gymnases, on voit des jeunes gens debout sur le portique sauter à terre sur la sciure ou le sable qui recouvre le sol, c'est-à-dire faire sans inconvénient une chute de 5 à 6 mètres.

Saïd-Pacha, le vice-roi d'Égypte qui visita Paris dans les dernières années de l'Empire, était très gros, mais cependant leste et fort actif; on racontait que parfois, pour sortir des appartements du rez-de-chaussée de son palais, il repliait sa longue robe entre ses jambes, et sautait par la fenêtre. Or tous ses courtisans, tous les hauts fonctionnaires qui l'accompagnaient étaient forcés de suivre la même voie, sous peine de déplaire au souverain; la plupart n'étaient pas très lestes, beaucoup avaient de l'embonpoint, et en sautant tombaient sur la face ou sur le dos, au grand amusement du despote.

Entre toutes les chutes volontaires faites en retombant sur les pieds, nous citerons celle d'un jeune sergent qui, lors de l'incendie du théâtre de Rouen en 1881, sauta du troisième étage,

tomba sur le sol en suivant les règles de la gymnastique et se
releva immédiatement pour aller travailler à une pompe, tandis
que de malheureuses figurantes venaient se briser sur le pavé,
et que d'autres accrochées aux fenêtres aimaient mieux périr
par le feu que de tenter une terrible chute.

Tous les gymnastes savent qu'en sautant ils doivent toucher le
sol sur la pointe des pieds, les jambes et le corps étant pliés afin
que, comme nous l'avons déjà dit, le choc s'amortisse dans les
articulations, dans les ligaments et dans l'extension des muscles.
En observant ces règles, les chutes sur les pieds, même d'une
hauteur considérable, comme nous venons de le voir, sont
amorties et sans danger.

CHAPITRE XIII

LES SAUTS MÉCANIQUES

Le filet. — La berne. — Le parachute. — Une évasion du mont Saint-Michel. — Le parapluie. — Les sauts facétieux. — Sapho. — L'homme-obus.

Il existe plusieurs moyens d'amortir artificiellement les chutes et les sauts effectués d'une très grande hauteur.

Ainsi la plupart des exercices acrobatiques présentant quelque danger se font au-dessus d'un filet. Ce filet est formé de cordelettes très résistantes. Il est fortement tendu à l'aide d'un système de moufles et de câbles. La sécurité que donne cet appareil est assez grande pour que des gymnasiarques, des hommes, des femmes, des enfants à la fin de leurs exercices s'y laissent tomber, et cela de 10 ou 15 mètres et même davantage ; l'élasticité de l'appareil amortit instantanément leur chute.

Un « plongeur » grimpé jusqu'au faîte de la charpente de l'Hippodrome, c'est-à-dire à près de 30 mètres, se laissait tomber tout à coup et, après avoir fait dans l'espace deux tours sur lui-même, donnant ainsi l'épouvantable image d'une personne tombant d'une maison et venant se fracasser sur le sol, était reçu par le filet, qui fléchissait sous le choc et le faisait rebondir sans accident.

On a proposé un système analogue pour recevoir les personnes qui dans les incendies sautent par les fenêtres : un filet soutenu par des perches et tendu à l'aide de cordes attachées aux maisons voisines les recevrait et amortirait leur chute.

Suétone rapporte que l'empereur Othon, lorsqu'il rencontrait pendant ses rondes de nuit quelque ivrogne dans les rues de Rome, le faisait mettre par ses soldats « dans un manteau tendu avec force et jeter en l'air ». Le supplice de la *berne* n'est pas, on le voit, d'invention récente.

On se rappelle, quand Don Quichotte voulut quitter l'hôtellerie, que les muletiers s'emparèrent de son malheureux écuyer et le bernèrent, « ... et là, ayant bien étendu Sancho sur la couverture, ils commencèrent à l'envoyer voltiger dans les airs, se jouant de lui comme on fait d'un chien dans le temps du carnaval[1] ». Les étudiants espagnols avaient en effet, du temps de Cervantès, la singulière coutume de prendre les chiens qu'ils trouvaient pendant le carnaval et de s'amuser à les faire sauter dans un de ces grands manteaux qui font partie du costume de la « estudiantina ». La berne est encore employée comme brimade dans quelques régiments et dans certaines écoles qui ont conservé cette sauvage coutume de vexer et même de faire souffrir les « nouveaux ».

Or ce moyen de supplice est aussi un puissant moyen de sauvetage. Une simple toile tendue fortement par dix ou douze hommes la tenant par les bords peut recevoir des enfants, des femmes, sautant de plusieurs étages dans un moment de danger : l'élasticité de la toile, la résistance des hommes amortit la chute au point d'en supprimer les risques de blessures ou de fractures. Cette simple toile tendue, qui a été si désagréable à tous ceux qu'elle a servi à berner, a sauvé la vie à des milliers d'individus.

Il existe d'autres moyens d'atténuer les risques des sauts faits d'une très grande hauteur, ces moyens protègent le sauteur dès le commencement de sa chute.

Il y a une vingtaine d'années, alors que le mont Saint-Michel était encore une prison, un condamné parvint à s'échapper d'une façon très ingénieuse.

1. *Don Quichotte*, chap. xvii.

L'ancienne abbaye du Mont-Saint-Michel est un superbe monument placé au sommet d'un rocher très élevé. A marée haute,
le mont est isolé par la mer et forme une île : à marée basse il
reste entouré par une vaste plaine de vase marine et de sable.

La surveillance des gardiens s'exerçait naturellement beaucoup plus du côté de la porte que du côté du ciel, à 60 mètres
au-dessus ; c'est cependant ce dernier chemin que prit le prisonnier dont nous parlons. Ce prisonnier étant parvenu à sortir de
l'infirmerie en dérobant deux draps, put, sans donner l'éveil, gagner la plate-forme de l'Abbaye ; là il découpa un de ses draps
en lanière et en fit quatre cordes qu'il attacha aux quatre coins
du second drap et réunit les autres extrémités par un nœud ; alors,
saisissant celui-ci et confiant dans ce faible parachute, il se précipita dans le vide (fig. 25). La descente dut avoir lieu avec une
rapidité vertigineuse en raison de la faible résistance à l'air que
présentait l'instrument par suite de son peu de surface, mais
le courageux forçat tomba sur le sable de la grève et fut sauvé.

Il y a quelques années il était encore d'usage dans une petite
ville d'Italie, à Empoli, de faire sauter un âne du haut d'une
tour très élevée, usage qui remontait à plusieurs siècles et se
rapportait à une légende locale.

Chaque année, à jour déterminé, un âne était hissé en céré-
monie au sommet de la tour ; là on lui attachait autour du corps
les extrémités d'une série de bandes d'étoffe, le milieu des bandes
restant libre en forme d'anse, puis l'âne était poussé dans l'espace malgré une résistance suffisamment justifiée. L'air s'en-
gouffrait dans les bandes d'étoffe, celles-ci se déployaient et of-
fraient une surface assez grande pour atténuer la chute du pauvre animal ; d'ailleurs on avait soin de garnir le sol d'une épaisse
couche de bottes de paille, et la descente avait lieu le plus ordinairement sans accident.

Un sauteur peut, en employant un moyen analogue, atténuer
considérablement une chute faite d'une grande hauteur. Comme
parachute, il peut se servir de un ou préférablement de deux parapluies.

Fig. 25. — Évasion d'un prisonnier à l'ancienne abbaye du Mont-Saint-Michel

Cet essai demande cependant quelques précautions. Il y a peu d'années, un jeune homme ayant entendu parler de ce moyen d'atténuer les chutes prit un parapluie, l'ouvrit et sauta du haut d'un mur. Le parapluie fut retourné par la secousse, il n'offrit plus dès lors de résistance à l'air, et la chute eût été terrible si le jeune homme n'avait eu la chance de rencontrer, au lieu du sol, une mare d'eau boueuse.

Mais si on a soin de se servir de deux parapluies d'une surface assez grande et d'une solidité suffisante et que de plus on prenne soin d'attacher par des ficelles l'extrémité des branches à la poignée, la résistance à l'air que présenteront ces deux parapluies sera assez forte pour que, si l'on saute en en tenant un de chaque main, on se sente soutenu, on tombe sur les pieds, et que la vitesse de la chute soit beaucoup moins grande que si on sautait sans aide, de quelques mètres seulement. Des expériences analogues ont été faites un grand nombre de fois. Un jeune gymnaste de Nancy a sauté à plusieurs reprises sans accident du mur des fortifications de cette ville dans les fossés, en se servant de deux parapluies.

Une scène de ce genre s'est passée récemment dans le quartier Latin. A la suite d'un dîner d'étudiants, un des convives, la tête légèrement échauffée, fait le pari de sauter du troisième étage dans la rue en se servant de deux parapluies comme de parachutes. On les lui prépare, il se lance dans le vide et atteint le sol sans blessures; ses camarades enthousiasmés l'imitent à tour de rôle, une jeune femme eut même l'audace de suivre leur exemple. Naturellement une foule considérable s'était amassée, étonnée de ce singulier exercice.

La berne dont nous parlons plus haut est non seulement un procédé propre à atténuer le danger des chutes, mais c'est aussi un moyen mécanique très puissant de saut en hauteur.

L'individu berné, obéissant à l'impulsion, à la cadence que font subir à la toile les hommes qui la tendent, rebondit de plus en plus facilement et est envoyé à des hauteurs successives de 1 et 2 mètres, et même quelquefois 3 et 4 mètres. Dans une pantomime jouée à Paris par des clowns anglais, un jeune enfant apparaissait tout à coup derrière un mur situé au fond de la scène, il était jeté à une hauteur considérable, retombait et était rejeté plus haut, et ainsi de suite à plusieurs reprises. Cet effet très curieux était obtenu à l'aide d'une berne, d'une toile tendue manœuvrée par des machinistes, sur laquelle on plaçait l'enfant.

Il existe d'autres moyens mécaniques destinés à aider les sauteurs, à leur communiquer une impulsion qui décuple pour ainsi dire la puissance du saut naturel.

Assez souvent dans les cirques, les théâtres de curiosités, les féeries, on a occasion de voir des acrobates projetés en l'air, à une élévation dépassant trois ou quatre fois leur hauteur. Ainsi, dans une féerie jouée au théâtre du Châtelet, dans *Peau-d'Ane*, un gymnaste remarquable, M. Lauris jeune, dans le rôle du singe, exécutait un saut de ce genre. A un moment donné le singe était saisi, posé sur une table et coupé en morceaux, puis ces morceaux étaient jetés pêle-mêle dans une sorte de grand baquet; tout à coup on voyait le singe vivant sauter de ce baquet à une hauteur prodigieuse et retomber sur la scène en faisant des gambades.

L'explication de ce truc est simple, le découpage de l'animal avait lieu grâce à la substitution rapide d'un mannequin au singe vivant, le fond du baquet communiquait avec une trappe; c'est dans celle-ci que disparaissaient les morceaux du mannequin, et c'est par elle également que, projeté par un puissant appareil à contre-poids, M. Lauris, toujours sous les traits du singe, bondissait sur la scène.

Le cirque Franconi a obtenu il y a peu d'années un grand succès avec un truc analogue. Une jeune acrobate, miss Lulu sur l'affiche, projetée verticalement par un appareil, allait atteindre une barre placée à une grande hauteur.

Notre gravure (fig. 26) représente une expérience du même genre, c'est celle de l'homme-obus, remarquable notamment par la curieuse mise en scène à laquelle elle donne lieu.

Fig. 26. — L'homme-obus. — Gymnaste lancé par la détente d'un ressort.

Un énorme canon est amené sur la piste d'un cirque; il est entouré de ses servants ; en haut, suspendu aux combles, se trouve un trapèze. Un jeune gymnaste se place dans la gueule du canon, où il disparaît presque jusqu'à la poitrine. La musique cesse, il y a un moment d'anxiété et de silence, auquel succède un commandement bref, puis une forte détonation, et l'on aperçoit au milieu de la fumée le gymnaste lancé en l'air atteignant le trapèze. L'effet est dramatique.

En réalité l'acrobate n'est pas projeté par la force de l'explosion, mais bien par la détente d'un énorme ressort à boudin qui se trouve dans l'âme du canon et que l'on tend à l'aide d'un cric. Ce ressort supporte une plate-forme sur laquelle se place l'homme-obus. Une simple pression sur une poignée permet au ressort de se détendre, et l'homme est projeté. Au bout de sa course, la plate-forme rencontre une pièce d'artifice dont elle provoque l'explosion. Mais il y a une telle coïncidence entre la projection et la détonation que le public est porté à croire que celle-ci est la cause de la première. Tel est le secret de l'homme-obus.

Parmi les jeux auxquels donne lieu l'exercice du saut, nous en citerons un qui est pour ainsi dire de tradition dans toutes les fêtes des régiments. Ce jeu consiste à franchir une tablette de bois placée à envion 1 mètre du sol et large de 40 à 50 centimètres. A cette tablette est fixée une corde qui s'attache par l'autre extrémité à un seau rempli d'eau, placé au-dessus sur un châssis. Si le sauteur touche la planchette quelque peu que ce soit, le seau bascule et ne manque pas d'inonder le maladroit.

Les poètes grecs nous ont transmis la description d'un amusement un peu du même genre auquel se livraient les paysans de l'Attique le second jour de la fête de Bacchus : c'était le saut de l'outre.

Ils prenaient une peau de bouc gonflée d'air et la graissaient parfaitement à l'extérieur.

Il fallait, pour gagner le prix, sauter sur cette outre et s'y maintenir, ce qui, on le comprend, n'était pas facile ; les chutes et les contorsions grotesques auxquelles donnaient lieu les efforts des concurrents pour y parvenir amusaient beaucoup les spectateurs.

Actuellement le nom de *Sapho* est dans toutes les mémoires. Sapho est le titre d'un opéra, le titre d'un roman de **M. A.** Daudet, celui d'une magnifique statue de Pradier au Louvre ; ce nom se rencontre à chaque instant dans les journaux, les livres, les conversations. Or on se rappelle que ce qui a valu à Sapho cette célébrité, c'est un terrible saut, le *saut de Leucade*. Voici la légende :

L'île de Leucade était remarquable par un promontoire formé de rochers escarpés dominant la mer. C'est de ce promontoire que venaient se précipiter les jeunes gens malheureux dans leurs amours : c'était faire le saut de Leucade. Ceux qui échappaient à la mort étaient, grâce à Apollon, guéris de leur passion. Sapho, ne pouvant vaincre l'indifférence du jeune Lesbien Phaon, se précipita dans la mer du haut de ce promontoire.

On retrouve en Bretagne une tradition ayant quelque rapport avec la légende grecque ; au siècle dernier il était d'usage de faire sauter certaines personnes du haut d'un rocher dans la mer, et cela dans un grand nombre de ports bretons. Ainsi, à Brest, un arrêté de 1618 disait : « Sur les deux ou trois heures après le dîner, tous les nouveaux mariés, comme pareillement ceux qui sont nouvellement venus résider en ville, ayant famille, ou ceux qui auront fait bâtir navire, ou un nouveau pignon de maison, le tout depuis trois ans derniers, rendront le devoir accoutumé sur le havre, qui est de sauter ou de faire sauter dans la mer, pour jouir des franchises, immunités et privilèges de la ville. » On pouvait se racheter du saut moyennant une amende, et c'est ce qui avait lieu le plus ordinairement.

A propos des sauts légendaires, nous citerons le suivant : le tzar Pierre 1er visita au commencement du dix-huitième siècle la tour ronde de Copenhague, accompagné de Frédérik IV, roi de Danemark, et du haut de cette tour lui vantait la puissance de son autorité.

— Voulez-vous, dit-il, que je vous en donne une preuve? et, sans attendre la réponse de Frédérik, le tzar fait un signe à un des cosaques de sa suite, lui montre l'abîme en disant : Saute!

Le cosaque fait le salut militaire, s'incline, s'élance dans le vide et vient se briser sur le sol.

On trouve dans l'histoire un grand nombre de faits du même genre, des despotes montrant leur puissance en forçant des malheureux à se précipiter d'un lieu élevé. Citons celui-ci :

Le baron des Adrets, tristement célèbre par sa froide cruauté, ayant pris en 1592 le fort de Montbrison, dans le Forez, fit d'abord couper la tête aux plus distingués de ceux qui l'avaient défendu. Après dîner il fit monter les autres sur une tour très élevée et par amusement les obligeait à se précipiter. L'un d'eux eut la chance de se tirer de ce mauvais pas de la façon suivante. C'était un gascon. Il prenait son élan, mais sur le point de se précipiter, il s'arrêtait brusquement et recommençait le même manège avec une nouvelle énergie. Le baron lui cria : « En finiras-tu? voilà trois fois que tu recommences. — « Et té, Monsieur le baron, je vous le donne en quatre à vous, » répondit le gascon, et cela avec un accent si comique que le farouche baron des Adrets ne put s'empêcher de rire et lui accorda la vie.

LES NAGEURS

ɟ

CHAPITRE XIV

LES NAGEURS CÉLÈBRES

Les rives de la Méditerranée. — Les Grecs. — Les Romains. — Les Macédoniens. — Les Germains. — L'épreuve par l'eau. — Les sauvages. — Les Maltais.

Un misanthrope a donné de la natation cette définition tant soit peu paradoxale : « l'art de prolonger son agonie quand on se noie », définition malheureusement vraie quelquefois ; mais le plus souvent au contraire la natation donne à l'homme la possibilité de se mouvoir dans un nouvel élément, l'eau ; elle permet de se sauver à la nage, de secourir des personnes qui se noient, de traverser des fleuves, des rivières : la natation accroît en somme nos moyens de défense, contribue à assurer notre sécurité et nous permet à l'occasion d'étendre celle-ci à nos semblables moins forts et moins habiles que nous.

L'importance de savoir nager est grande surtout pour les habitants du littoral de la mer et les riverains des grands fleuves.

La Grèce antique, avec un littoral très étendu, ses nombreuses îles, un climat relativement chaud, se trouvait dans des conditions particulièrement favorables pour le développement de l'art de nager, et il en était à peu près de même pour tous les habitants du littoral de la Méditerranée. Aussi les poètes et les historiens de l'antiquité nous ont-ils laissé le récit d'exploits merveilleux accomplis par des nageurs grecs, phéniciens et carthaginois.

Les habitants de l'île de Délos étaient réputés pour leur habileté dans l'art de nager. « Pour se reconnaître au milieu de tant d'écueils, il faudrait être un nageur de l'île de Délos », dit Socrate, par comparaison, en parlant d'un passage d'Héraclite difficile à comprendre.

On connaît la poétique histoire de *Léandre*, amoureux de la jeune et belle prêtresse *Héro*, et franchissant chaque soir l'Hellespont (aujourd'hui détroit des Dardanelles), pour aller la rejoindre, guidé par un fanal qu'elle allumait sur le haut d'une tour. Un soir elle négligea d'allumer le fanal, et Léandre perdu dans l'obscurité, ballotté sans guide au milieu des vagues de la tempête et du courant impétueux du détroit, finit par succomber ; les flots jetèrent son cadavre sur le rivage, où il fut retrouvé par l'ingrate Héro, qui de désespoir se précipita dans la mer et périt de la même mort que son amant.

L'Hellespont dans sa plus petite largeur mesurait 7 stades, soit 1,295 mètres : faire cette traversée la nuit à la nage est évidemment un tour de force de natation, que bien peu de nageurs de nos jours seraient capables de répéter chaque soir, aller et retour.

Les Macédoniens étaient fort habiles dans l'art de la natation, et, d'après Hérodote, l'un d'eux franchit 8 stades (1,480 mètres) à la nage, en mer, pour porter la nouvelle du naufrage de la flotte. Sous ce rapport les femmes de la Macédoine ne le cédaient en rien aux hommes comme adresse, vigueur et audace dans les exercices nautiques ; de plus elles se faisaient un point d'honneur de ne se baigner que dans l'eau froide.

Polien même raconte que Philippe, roi de Macédoine, ayant vu un jour un de ses officiers qui prenait un bain chaud, lui fit de vifs reproches, le fit rougir de sa mollesse, et le révoqua.

La natation était fort en honneur également chez les dames romaines. Clélie traversa le Tibre à la nage en fuyant du camp

Fig. 27. — Nageur maltais servant aux expériences de Beudant dans le port de Marseille.

de Porsenna. On se rappelle aussi que Néron, voulant faire périr sa mère Agrippine, la fit embarquer sur un navire qui devait s'entr'ouvrir en pleine mer. Mais Agrippine s'enfuit à la nage sur une côte voisine et se réfugia dans sa villa du lac Lucrin, où Néron la fit assassiner.

Les anciens Germains étaient réputés excellents nageurs, mais de plus ils avaient la coutume d'employer le bain forcé comme épreuve judiciaire, comme moyen de s'assurer notamment de la légitimité de leurs enfants ou de la fidélité de leurs femmes. Ce même usage existait chez les Francs, et il est curieux de constater qu'il s'est perpétué presque jusqu'à nos jours. Il y a une vingtaine d'années, l'épreuve de l'eau froide était pratiquée dans la plupart des pays slaves principalement dans le but de distinguer les sorcières. Voici, d'après M. Bogisic, comment les choses se passaient au Montenegro et dans l'Herzégovine : « Le chef du village réunit tous les hommes qui portent les armes et les harangue à peu près ainsi :

« Que chacun suivant mon exemple amène demain matin sa mère et sa femme sur le lac (ou le fleuve, le puits), dans le but de découvrir les coupables, qui seront lapidées si elles ne prêtent le serment de cesser de faire du mal. Y consentez-vous, mes frères? Tous répondent à l'unanimité : nous le voulons. »

« Le lendemain chacun amène sa femme et sa mère, les lie par une corde passée sous les aisselles et les jette tout habillées dans le lac, la rivière ou les puits. Celles qui plongent sont immédiatement retirées et reconnues innocentes; celles qui surnagent sont convaincues de sorcellerie. »

En 1857 une épreuve de ce genre a eu lieu à Trébinié dans l'Herzégovine, et quelques années auparavant dans la presqu'île d'Héla près de Dantzig, Prusse polonaise. Il paraît que de nos jours encore cette épreuve par l'eau froide se pratique pour découvrir les sorcières dans certains villages des pays slaves et germaniques.

Les sauvages, habitant les bords de la mer dans les pays à température élevée, sont en général excellents nageurs.

Cook parle avec admiration de l'aisance et de l'agilité dont faisaient preuve les Taïtiens et Taïtiennes nageant autour de son navire.

De nos jours les naturels d'Aden ont une réputation méritée dans ce genre d'exercice; ils se précipitent dans leurs canots au-devant des paquebots allant aux Indes et recueillent avec une promptitude et une habileté étonnantes les pièces de monnaie que les voyageurs leur jettent dans la mer.

Dans la baie de Dakar les indigènes ont perfectionné ce jeu d'adresse; ce n'est pas avec leurs mains qu'ils doivent recueillir la pièce de monnaie qui s'enfonce sous l'eau, mais bien avec leurs dents, et il est bien rare qu'ils laissent perdre la pièce qui leur est destinée. De plus ils sollicitent la générosité des voyageurs en exécutant dans l'eau des culbutes et des contorsions.

Les naturels des îles Sandwich atteignent à la nage une vitesse qui leur permet de rivaliser avec la chaloupe d'un navire de guerre. « Quand notre embarcation quitta le bord, dit le docteur Monin, ils la suivirent en luttant de vitesse avec les canotiers. »

Les Nubiens habitant les bords du haut Nil sont nageurs audacieux; ce sont eux qui se chargent de faire passer la première cataracte du Nil aux navires et aux embarcations. Cette cataracte est en quelque sorte une série de rapides dans lesquels le fleuve vient se briser en tourbillonnant contre des quantités de rochers.

« Or les Nubiens plongent et nagent en se jouant au milieu des tourbillons et des courants les plus rapides; ils sont nus et se lancent intrépidement dans les chutes les plus dangereuses; le courant les entraîne, ils disparaissent dans des flots d'écume, et vous les voyez reparaître à 100 mètres plus loin, regagner le rivage et revenir, en sautant de rocher en rocher, vous demander : « Bakchish.... » J'ai même vu des enfants de dix à onze ans se livrer à ce dangereux exercice.

« Beaucoup de bruit, beaucoup de cris, cent cinquante nègres

à l'état de nature, grouillant dans un torrent, voilà tout l'intérêt
qu'offre le passage de la cataracte [1].... »

Les habitants des côtes de la Méditerranée, les Italiens, les
Siciliens, les Syriens, les habitants de l'Archipel et des îles
Ioniennes, et principalement les Maltais, ont conservé l'adresse
de leurs ancêtres et sont toujours des nageurs émérites. Nous
aurons à en reparler plus loin en traitant des plongeurs. Rappelons seulement que c'est grâce à un habile nageur maltais que
Beudant, au commencement de ce siècle, put faire ses célèbres
expériences, dans le port de Marseille, sur la vitesse comparative
du son dans l'air et dans l'eau (fig. 27).

Les Néo-Calédoniens sont en général excellents nageurs ; le
développement des côtes du littoral de leur île est en effet très
étendu. D'après M. Rochas, demander à un Néo-Calédonien s'il
sait nager est lui adresser une question aussi bizarre que de lui
demander s'il sait marcher ou courir. Un certain nombre de ces
sauvages présentent cette particularité qu'au lieu de nager de la
façon ordinaire : « nager en grenouille », les quatre membres et
le corps dans un même plan, ils nagent en plongeant aussi profondément que possible, leurs bras et leurs jambes au-dessous de la
surface de l'eau et en alternant leurs mouvements ; autrement
dit, ils nagent comme les quadrupèdes, ce qui en terme technique s'appelle « nager en chien ».

---

1. *La Cange*, par Louis Pascal.

CHAPITRE XV

LES NAGEURS MODERNES

Lord Byron et l'Hellespont. — Le détroit de Messine. — Le Pas de Calais. —
Le capitaine Webb. — Les chutes du Niagara. — Les naufrages. —
Prouesses nautiques.

Les nageurs modernes. — A une époque où les commentateurs
se passionnaient sur la possibilité du fait attribué à Léandre,
traverser l'Hellespont à la nage, le poète anglais lord Byron se
dévoua, et le 3 mai 1810 il traversa le détroit en compagnie d'un
de ses amis, le lieutenant Eckenhead. Ils mirent une heure
seulement à accomplir ce voyage dont la longueur dépassait
1900 mètres.

Cette même traversée avait été exécutée auparavant par un
Juif et une autre fois par un jeune Napolitain. Lord Byron était
du reste un nageur émérite. Un jour, à la suite d'un pari contre
un adversaire, il nagea à Venise pendant quatre heures vingt
minutes, et il aurait, disait-il, pu continuer encore pendant deux
heures cet exercice.

A la fin du siècle dernier un brigand sicilien, poursuivi par
les troupes, se jeta à la mer et traversa à la nage le détroit de
Messine, renouvelant ainsi l'exploit d'un certain nombre de
Messiniens qui pendant la guerre des Carthaginois contre Denis,
tyran de Syracuse, se jetèrent à la mer pour ne pas tomber dans
les mains du général Himilcon et gagnèrent la côte italienne.

La traversée du pas de Calais présente des difficultés beaucoup
plus grandes que celle du détroit des Dardanelles ou du détroit

de Messine, sa largeur est infiniment plus considérable (34 kilomètres), et cependant cette traversée a été faite plusieurs
fois par des nageurs. On cite notamment, sous le premier empire, un matelot qui, échappé des pontons anglais, traversa le
détroit, nagea pendant une nuit et un jour et fut rejeté par les
vagues, mourant de froid et de fatigue, sur le rivage, dans les
environs de Calais.

En 1875 cette même traversée a été tentée par un nageur
anglais, le capitaine Webb, qui ne put l'accomplir entièrement
et fut obligé au milieu du détroit de monter sur le steamer qui
l'accompagnait ; l'année suivante, l'intrépide nageur prit sa
revanche et put faire cette énorme traversée à la nage.

En 1877 un autre Anglais, M. Cavill, a exécuté ce même tour
de force. Parti du cap Gris-Nez le 20 août 1877 à 3 heures de
l'après-midi, il est arrivé à South-Forland le 21 à 4 heures, et
a donc fait la traversée en douze heures quarante-cinq minutes ,
(d'après un journal anglais).

Quelques jours auparavant, M. Cavill avait fait à la nage, tout
en longeant les côtes de France, un parcours de 17 kilomètres,
du cap Gris-Nez à Boulogne, en trois heures et demie environ.

Le capitaine Webb, avant de tenter la traversée du Pas de
Calais, avait exécuté également un grand nombre de prouesses
de natation. Ainsi, le 3 juillet 1875, il avait nagé de Blackwall à
Gravesend sur la Tamise, soit une distance d'environ 7 lieues
et demie qu'il parcourut en quatre heures douze minutes. Quelques semaines après, il refit le même trajet avec un égal succès.

En 1880, à Scarborough, il nagea pendant soixante-quatorze
heures de suite.

M. Webb était précédemment capitaine de la marine mar-
chande anglaise, et il avait abandonné le commandement des
navires pour se livrer tout entier à l'art de la natation, pour
lequel il avait une aptitude des plus remarquables.

On sait qu'à la suite d'un pari, le capitaine Webb s'était engagé à traverser à la nage les rapides formés par les chutes du
Niagara.

Au jour fixé, les compagnies de chemins de fer, qui s'étaient intéressées au pari en offrant 10,000 dollars (50,000 francs) au capitaine pour l'accomplissement de son exploit, amenaient des milliers de spectateurs.

Le 21 juillet 1883, au matin, le capitaine Webb, vêtu seulement d'un caleçon de soie, plongea dans les rapides ; afin d'éviter les rochers très dangereux sur les bords du fleuve, il se dirigea vers le milieu du courant ; il put éviter plusieurs tourbillons en échappant à leur étreinte en plongeant; mais il fut saisi par l'énorme tourbillon central produit par la rencontre de la masse des eaux contre l'une des rives qui s'incline à angle droit, et imprime au fleuve un mouvement de rotation produisant au centre un entonnoir où s'engouffrent les objets flottant à la surface des eaux, sorte de Maëlström comme celui des côtes de la Norwège. .

Le capitaine, malgré tous ses efforts, ne put éviter ce tourbillon : entraîné dans son mouvement rotatif, il disparut dans l'entonnoir, reparut une ou deux fois. Quelques jours après, son corps fut retrouvé à plusieurs milles de là : la tête était fracassée par les rochers.

La traversée du Niagara avait été tentée précédemment par divers nageurs, mais qui tous avaient eu le sort du malheureux capitaine. Le premier était un boxeur nègre nommé Peter Jove, qui était célèbre en Amérique par les tours de force qu'il avait exécutés en nageant. Engagé par un *bussinesman*, un impresario, qui lui avait promis une somme considérable s'il voulait tenter l'aventure, Peter Jove ne put faire qu'un peu moins de la moitié de la traversée et disparut. Son cadavre ne fut retrouvé que cinq jours après.

La recette de l'entrepreneur se monta à plusieurs centaines de mille dollars.

En 1863 un nageur espagnol nommé Lalamanca fit la même tentative, mais étant malade le jour où il s'était engagé à l'exécuter, il disparut presque aussitôt, entraîné par le courant.

Depuis la mort du capitaine Webb, un grand nombre de

nageurs avec ou sans appareil ont annoncé qu'ils allaient franchir à la nage le passage des rapides du Niagara, mais aucun, croyons-nous, n'a tenté l'épreuve.

Il y a des exemples de marins qui, à la suite de naufrages, se trouvant précipités dans la mer, se sont soutenus en nageant et ont pu attendre quatre, cinq heures, une demi-journée et même davantage des secours, soit une embarcation envoyée à leur recherche ou un navire rencontré par hasard, une épave qu'ils ont pu saisir ou le rivage qu'ils sont parvenus à atteindre.

L'historien et général juif Flavius Josèphe raconte que se trouvant embarqué avec six cents personnes sur un navire allant de Jérusalem à Rome, ce navire fit naufrage et tous furent précipités dans les flots; il nagea toute la nuit « et, dit-il, à la pointe du jour nous rencontrâmes un navire qui me reçut à son bord, avec quatre-vingts de mes compagnons qui avaient eu comme moi la force de rejoindre ce bâtiment ».

Pareille aventure est arrivée à un ministre de la marine italienne, M. del Santo.

A la bataille de Lissa M. del Santo remplissait les fonctions de sous-chef d'état-major de l'amiral Persano. Le navire sur lequel il se trouvait ayant été coulé bas par la flotte autrichienne, l'équipage fut englouti; M. del Santo revint à la surface de la mer; il eut la présence d'esprit de se débarrasser de tous ses vêtements et nagea pendant plus de cinq heures; il rencontra enfin une épave et put se soutenir jusqu'à ce qu'il fût recueilli par le canot d'un navire italien.

Un marin nous a raconté qu'à la suite d'un naufrage il avait nagé douze heures de suite; ayant enfin rencontré une cage à poules, il put la saisir et se maintenir à la surface de l'eau jusqu'au lendemain matin, où il fut secouru par un navire qui recueillit également deux autres de ses camarades.

Le costume de l'individu qui tombe à l'eau a une grande influence sur ses chances de sauvetage; moins un individu a de vêtements, plus il lui est facile de se soutenir à la surface de l'eau. Les pêcheurs de nos côtes, en hiver, et surtout les pêcheurs de

Terre-Neuve qui, pour se préserver du froid, sont couverts d'épais vêtements de laine, sont chaussés de grosses bottes, n'ont pour ainsi dire aucune chance de se sauver s'ils tombent à l'eau ; ils coulent à pic et la mer rejette leur cadavre sur la côte.

Il suffit quelquefois d'une cause bien faible en apparence, pour faire accomplir à des nageurs de véritables prouesses. En voici deux exemples : trois jeunes gens, étant à se baigner dans un étang d'une largeur de près de 400 mètres, résolurent de le traverser à la nage ; un de leurs camarades devait en faisant le grand tour transporter leurs vêtements de l'autre côté. Les trois jeunes gens nageant de front parvinrent assez rapidement à l'autre bord, mais au moment où ils allaient prendre pied, surgit tout à coup sur le rivage le garde champêtre qui voulut leur dresser procès-verbal. Devant cette menace, les trois nageurs sans se concerter se replongèrent dans l'étang et le traversèrent une seconde fois, accomplissant ainsi un trajet total de 800 mètres environ.

Une autre fois deux jeunes gens, l'un de quatorze et l'autre de seize ans, ont accompli par rivalité un trajet de 500 mètres aller et retour, soit 1 kilomètre en tout, sans toucher terre, dans une rivière canalisée sur laquelle il était facile d'apprécier la distance au moyen des bornes kilométriques.

La rivière du Couesnon, canalisée et aboutissant dans la baie du Mont-Saint-Michel, présente cette particularité de donner lieu, à marée montante, à un mascaret d'une grande impétuosité, et à la marée descendante à un courant extrêmement violent d'une grande rapidité et produisant des remous et des tourbillons.

Or nous avons vu un marin se laisser entraîner à la nage par ce courant, se jouer au milieu des vagues et des tourbillons, et parcourir ainsi une distance de plus de 2 kilomètres.

CHAPITRE XVI

LA NATATION MILITAIRE. — L'ENSEIGNEMENT DE LA NATATION

Les soldats nageurs. — L'école de natation. — Le chevalet. — La sangle. — Faire la grenouille. — Les nageurs de profession. — Le sauvetage des noyés.

L'art de nager peut rendre de très grands services dans les guerres et dans les combats au point de vue de l'attaque comme au point de vue de la défense ; il permet de surprendre un ennemi qui se croit préservé par un fleuve ou une rivière, d'éviter dans une attaque de longs détours ou l'encombrement des ponts ; dans la défaite il permet d'échapper à la mort ou à la captivité. Il peut être utile aussi dans le service des dépêches pour traverser les lignes ennemies, éviter un pont, etc.

L'art de la natation faisait partie de l'éducation des soldats romains : on les exerçait à traverser les fleuves, soit en poussant devant eux leurs armes et leurs bagages, ou en les portant ; à résister au courant dans un gué en faisant la chaîne ; et les historiens nous ont conservé un certain nombre d'exemples dans lesquels l'art de la natation avait sauvé la vie à des guerriers. Horatius Coclès, défendant seul contre les Étrusques le passage d'un pont qui conduisait à Rome, se précipita dans le Tibre, quoique blessé, quand ses compagnons eurent coupé ce pont, et gagna la rive à la nage.

Sertorius, dans sa lutte contre Pompée, traversa le Rhône à la nage quoique blessé et, dit l'histoire, couvert de son armure.

On raconte aussi que César, au siège d'Alexandrie, se sauva à la nage en tenant à la main ses tablettes hors de l'eau, et avec un grand nombre de ses compagnons put atteindre une de ses galères qui se trouvaient au large.

Scipion l'Africain exerçait particulièrement ses soldats en armes au passage des fleuves et leur donnait l'exemple en se mettant à leur tête.

Tous les grands militaires modernes ont également préconisé pour les troupes l'étude de la natation.

Napoléon, quand il avait le temps d'instruire suffisamment ses troupes, les exerçait à manœuvrer dans l'eau ; au rapport de Baillot, « les grenadiers de la vieille garde cantonnée à Courbevoie s'apprirent à nager d'abord nus, puis habillés, et arrivèrent à traverser, en chargeant leurs armes, la Seine très rapide en cet endroit. »

En 1818, les hommes de l'armée danoise étaient exercés à nager habillés et armés et même en portant un homme sur leur dos.

Dans l'armée prussienne les exercices de natation font également partie de l'instruction des troupes.

Il en est de même actuellement dans l'armée française, où l'on apprend aux hommes à nager et où dans quelques régiments on leur fait exécuter des manœuvres dans l'eau.

L'enseignement de la natation. — Quelle est la méthode la plus prompte et la moins désagréable pour apprendre à nager? C'est là un problème pour lequel on a proposé plusieurs solutions tant au point de vue de l'armée qu'au point de vue de l'éducation des jeunes gens. Toutes les méthodes sont à peu près d'accord pour exercer l'élève d'abord sur terre, lui apprendre ainsi à bien faire les mouvements qu'il aura à exécuter lorsqu'il sera plongé dans l'eau.

On apprend d'abord à faire le mouvement des bras, ce qui est très facile. Les mouvements des jambes présentent plus de difficulté et c'est à leur intention qu'ont été inventés divers appareils.

Fig. 28. — Les bains publics à bon marché de la rue Château-Landon, à Paris.

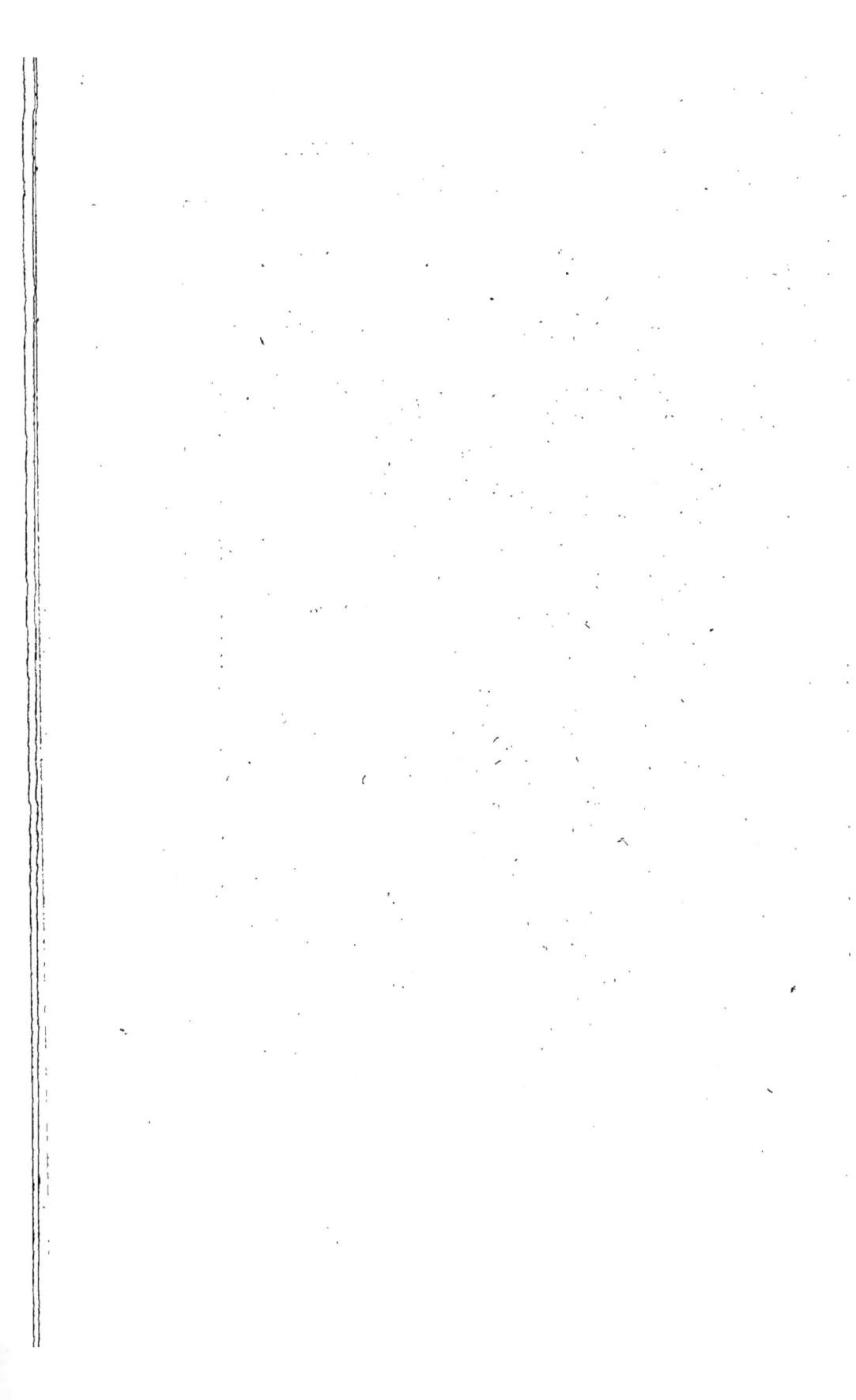

Dans les écoles régimentaires on emploie généralement le *chevalet* : c'est une espèce de grand pliant sur lequel l'élève s'étend, les bras et les jambes restant libres pour exécuter les mouvements de natation. Voici, d'après le manuel de gymnastique adopté par le ministère de la guerre, les mouvements que doit exécuter l'élève militaire :

Au commandement de : « *sur le chevalet,* » « *en position* », placer le corps en équilibre suffisamment stable pour pouvoir faire agir les bras et les jambes.

Au commandement de : *un,* allonger vivement les bras et les jambes, celles-ci écartées.

Au commandement de : *deux,* rapprocher les genoux, les jambes tendues, séparer les mains à 16 centimètres.

Au commandement de : *trois,* décrire un demi-cercle de chaque main et rapprocher les talons du corps.

Le chevalet présente l'inconvénient de laisser les bras et les jambes suspendus dans le vide, ce qui amène rapidement la fatigue. On a essayé d'y remédier au moyen de supports articulés pour les bras et pour les jambes, mais en général les appareils sont assez compliqués et d'un prix élevé.

La corde attachée au plafond et supportant sur une sangle le corps de l'apprenti nageur, comme l'employait *Clias,* est encore l'appareil le meilleur, mais on peut lui apporter un perfectionnement, c'est de faire supporter les poignets et le bas des jambes en les passant dans des anneaux de sangle ou de cuir attachés à des cordelettes fixées au plafond.

A défaut d'appareil, on peut parfaitement apprendre la théorie des mouvements en se mettant à plat ventre sur le sol, sur un tapis, une botte de paille ou sur le gazon au bord de la rivière, et là s'exercer à « faire la grenouille ».

Mais cette natation à sec ne préserve pas l'élève nageur de l'apprentissage qu'il doit faire dans l'eau, elle en diminue seulement la durée.

Trois ou quatre leçons données dans l'eau par un maître, ou par un camarade complaisant ne jouant pas de mauvais tours au néophyte, suffisent alors pour apprendre à celui-ci à coordonner ses mouvements, à se soutenir dans l'eau, à prendre confiance, à faire une brasse, puis deux et à devenir avec le temps nageur émérite s'il en a l'énergie et le courage. Il pourra alors répéter les exercices que faisait Gargantua qui, nous dit Rabelais : « nageait en eau profonde, à l'endroit, à l'envers, de côté, de tout le corps, des seuls pieds, une main en l'air, dans laquelle tenant un livre traversait toute la rivière de Seine sans mouiller celui-ci, et tirant par ses dents son manteau, comme faisait Jules César, puis d'une main entrer d'un grand effort en un bateau, de celui-ci se jeter de rechef à l'eau la tête la première, sonder le fond, examiner les rochers, plonger dans les abîmes et les gouffres. »

Dans les concours de natation on voit souvent des nageurs parcourir 500 mètres et plus en essayant d'atteindre le maximum de vitesse qu'ils peuvent donner, et arriver à parcourir cette distance relativement énorme en quinze, vingt ou vingt-cinq minutes.

Il est des habitués de ces concours de natation pour lesquels l'art de nager est devenu une profession lucrative par la valeur des prix qu'ils remportent, par les paris qu'ils gagnent ou les leçons qu'ils peuvent donner.

D'autres nageurs de profession exécutent des tours d'adresse en public, dans des piscines ou des aquariums, ou bien répètent leurs expériences comme intermèdes dans les concours de natation, des fêtes nautiques, etc. Ces nageurs font preuve souvent d'une habileté et d'une aisance surprenantes.

Ainsi pendant la dernière « saison » de Londres au royal aquarium de Westminster, on voyait un nageur et une nageuse dont voici quelques-uns des exercices :

Le nageur mangeait, buvait, fumait sur l'eau et sous l'eau, nageait en mesure, faisait des exercices acrobatiques, nageait dans toutes les positions et par tous les moyens imaginables, plongeait, restait sous l'eau.

La jeune fille nageait en mesure au son de la musique, battait la brasse en tournant, exécutait une sorte de danse et divers exercices en suivant le rythme de la musique. A l'aide d'une baguette flexible elle semblait sauter à la corde, se disloquer et faisait divers tours, prenait des poses gracieuses.

Roulant sa baguette en un étroit cerceau, elle passait au travers en plongeant et en nageant.

Le nageur et la jeune fille exécutaient ensemble divers exercices tels que nager symétriquement, plonger alternativement ou donner le simulacre d'un sauvetage.

Le sauvetage des noyés. — Sauver une personne qui se noie n'est pas toujours une chose facile, et, bien que cela puisse paraître étrange, demande une sorte d'apprentissage. Le noyé s'accroche avec une énergie surhumaine à tous les objets qui se trouvent à sa portée ; s'il parvient à saisir son sauveteur, il paralyse ses mouvements et l'entraîne avec lui. Le nageur doit donc connaître ce danger et savoir comment l'éviter. Certains sauveteurs de profession ou d'habitude (il y en a qui ont vingt ou vingt-cinq sauvetages à leur actif) s'efforcent de saisir le noyé par derrière en le prenant par la tête ; ils reviennent à la surface de l'eau et regagnent le rivage en nageant sur le dos ; dans ce cas le noyé reste la tête à l'air et peut respirer pendant toute la durée du sauvetage.

D'autres évitent de saisir le noyé pendant qu'il se débat et attendent qu'il ait perdu connaissance.

Il en est enfin qui étourdissent le noyé d'un coup de poing ou d'un coup de talon donné sur la tête et le ramènent ensuite comme un corps inerte ; c'est par ce moyen qu'Hauguel, le calfat du Havre, exécuta, en 1869, le sauvetage de Troppmann, l'assassin de la famille Kink, qui s'était précipité dans le bassin. « Hauguel, dit un journal, asséna un bon coup à son adversaire pour l'épuiser. Il remonta à la surface de l'eau, et quand il jugea que son homme était assez anéanti pour n'être plus à redouter, il revint à la charge, saisit le noyé et se laissa enlever par des personnes venues à leur secours. »

Nous n'avons pas besoin d'ajouter que, de toutes ces méthodes de sauvetage, c'est la première que nous préconisons comme ne présentant pas plus de danger pour le nageur, étant beaucoup plus prompte et infiniment plus humanitaire.

Dans nos climats la natation ne peut s'exercer que pendant une très faible partie de l'année, trois ou quatre mois seulement. Quant aux bains tièdes, il y a une différence considérable entre les effets hygiéniques d'un bain pris dans une baignoire et ceux d'un bain pris dans une quantité d'eau suffisamment grande pour que le baigneur puisse faire de l'exercice, puisse nager; c'est pour cela que l'institution des piscines publiques de nata- tion, dans lesquelles il est possible de se livrer à l'exercice de la natation à toute époque de l'année, est évidemment une excel- lente chose au point de vue hygiénique comme au point de vue de l'art de la natation (fig. 28).

CHAPITRE XVII

NAGEURS A L'AIDE D'APPAREILS ET DE COSTUMES FLOTTANTS

La perche. — Un appareil chinois. — Les nageoires. — Le capitaine Boyton. — La traversée de la Manche. — Un prédécesseur. — L'utilité des costumes insubmersibles. — Les marcheurs sur l'eau.

Les appareils de natation. — On a cherché à faciliter l'exercice de la natation à l'aide d'appareils ; les uns ont pour but de soutenir le nageur à la surface de l'eau, tandis que les autres sont destinés à augmenter sa vitesse. Parmi les premiers il y a d'abord le plus employé de tous, qui consiste dans les deux vessies de porc réunies par une cordelette que le nageur se passe sur la poitrine et sous les bras ; le corps est ainsi soutenu, et le débutant nageur, complètement assuré de son maintien sur l'eau, n'a qu'à se préoccuper d'exécuter les mouvements de la natation suivant les règles.

Les corsets de liège, les ceintures de caoutchouc gonflées d'air servent au même usage, en même temps qu'en cas de naufrage ils peuvent permettre un séjour très prolongé à la surface des flots.

On peut mettre parmi les appareils de natation les plus simples cette perche au bout de laquelle est attachée une corde fixée à une ceinture passée sur la poitrine de l'élève nageur ; la perche est tenue par le maître.

Ce système, employé dans quelques écoles de natation de l'armée, a pour principal inconvénient de laisser l'élève dans une inquiétude perpétuelle, se sachant à la complète disposition d'un maître qui, par négligence, plaisanterie ou méchanceté, peut lui plonger la tête sous l'eau et le laisser se débattre plus ou

鵝野捉

Fig. 29. — Nageur chinois prenant à la main des oiseaux d'eau.

moins longtemps dans cette position désagréable, facétie qui a ordinairement pour résultat d'exciter à l'extrême la gaieté des spectateurs placés sur le rivage.

Nous donnons la figure d'un appareil de natation chinois qui permet non seulement de rester à la surface de l'eau, mais

Fig. 30. — Nouvel appareil de natation américain.

encore de prendre des oiseaux d'une façon assez singulière. La tête du nageur seule surnage et est renfermée dans une sorte de casque percé de trous qui lui permettent de respirer et de voir ; à ses épaules est fixé un plateau sur lequel sont placées des mangeoires remplies d'appâts et qui attirent les oiseaux. Dès que ceux-ci sont posés sur l'appareil, l'homme les saisit et les place dans un filet qu'il porte suspendu au devant de lui (fig. 29).

D'autres appareils ont pour objet d'augmenter la vitesse du nageur ; quelques-uns de ceux-ci se composent simplement de semelles creuses en forme de calotte qui, fixées aux pieds, opposent à l'eau une grande résistance dans les mouvements de propulsion. De même on a muni les mains de planchettes qui augmentaient la puissance de celles-ci dans la natation.

Un des appareils les plus curieux, inventé dans ce but et expérimenté il y a quelques années, consistait en espèces de nageoires fixées aux mains, aux mollets et aux chevilles, qui opposaient une grande résistance à l'eau au moment de l'extension, et favorisaient la marche en avant.

La gravure que nous publions ci-joint (fig. 30) donne une idée très complète d'un ingénieux mécanisme qui a été expérimenté récemment à plusieurs reprises à Mobile (États-Unis). L'appareil consiste essentiellement en un flotteur traversé par un arbre longitudinal, muni à sa partie inférieure d'une petite hélice servant de propulseur. L'arbre est mis en rotation tout à la fois à l'aide d'une manivelle actionnée par les bras du nageur, et d'une pédale de même système actionnée par ses pieds.

Le nageur, couché sur le flotteur, avance ainsi avec une grande rapidité et sans beaucoup de fatigue ; la tête, élevée au-dessus de l'eau, se trouve dans une position très avantageuse pour faciliter la respiration.

M. Richardson l'inventeur a pu exécuter avec ce mécanisme un parcours de 7 kilomètres sur l'eau dans l'espace d'une heure.

Les costumes flottants. — D'autres systèmes ont pour but de permettre au nageur de rester sur l'eau un temps considérable ; parmi ceux-ci le plus connu est l'appareil de natation et de sauvetage inventé par M. Merryman et qui a rendu célèbre son expérimentateur, le capitaine Boyton.

En voici la description (fig. 31) :

« Cet appareil se compose d'un costume en caoutchouc divisé en deux parties seulement : l'une ne comprend que le pantalon et la chaussure ; l'autre, la veste et un capuchon. Les deux parties de ce vêtement, faites chacune respectivement d'une seule pièce, se joignent à la taille par un anneau d'acier, et les jointures sont recouvertes d'une ceinture épaisse en caoutchouc qui ferme toutes les fissures. Cette opération une fois achevée, le nageur remplit d'air, au moyen de cinq tubes, les cinq poches qui sont pratiquées à différentes parties du costume : ces poches, une fois gonflées, remplissent le double objet de coller solidement contre la peau la partie supérieure du vêtement et ensuite de permettre au nageur d'être supporté par l'eau. Lorsque les poches sont bien gonflées, le nageur pourrait porter sans sombrer un poids de 150 kilogrammes, c'est-à-dire celui de deux hommes.

A l'aide de ce costume, le nageur prend à volonté la position verticale ou la position horizontale ; dans le premier cas, il n'a de l'eau que jusqu'à la ceinture, de sorte qu'il lui est facile de voir à une grande distance et de se montrer de loin.

Dans plusieurs poches situées à la partie intérieure du costume, il porte des vivres pour dix jours, un drapeau servant de signal et une lanterne pour éviter les collisions.

Comme instrument de locomotion il a soit une double pagaie, soit une petite voile placée en travers de la poitrine ou dans la longueur du corps depuis les pieds jusqu'à la ceinture, ou bien une roue ressemblant en petit à celle des navires à aube, et qu'il manœuvre sans fatigue à l'aide d'une manivelle ; il peut acquérir ainsi une certaine vitesse. »

Parmi les expériences exécutées par le capitaine Boyton à l'aide de cet appareil, on cite les suivantes : A son arrivée d'Amérique, à 7 milles de la côte d'Islande, il se jeta à la mer.

Après avoir séjourné sept heures dans l'eau et avoir parcouru un espace de 30 milles à la surface de vagues énormes, il se

Fig. 31. — Appareil de natation et de sauvetage de M. Merryman.

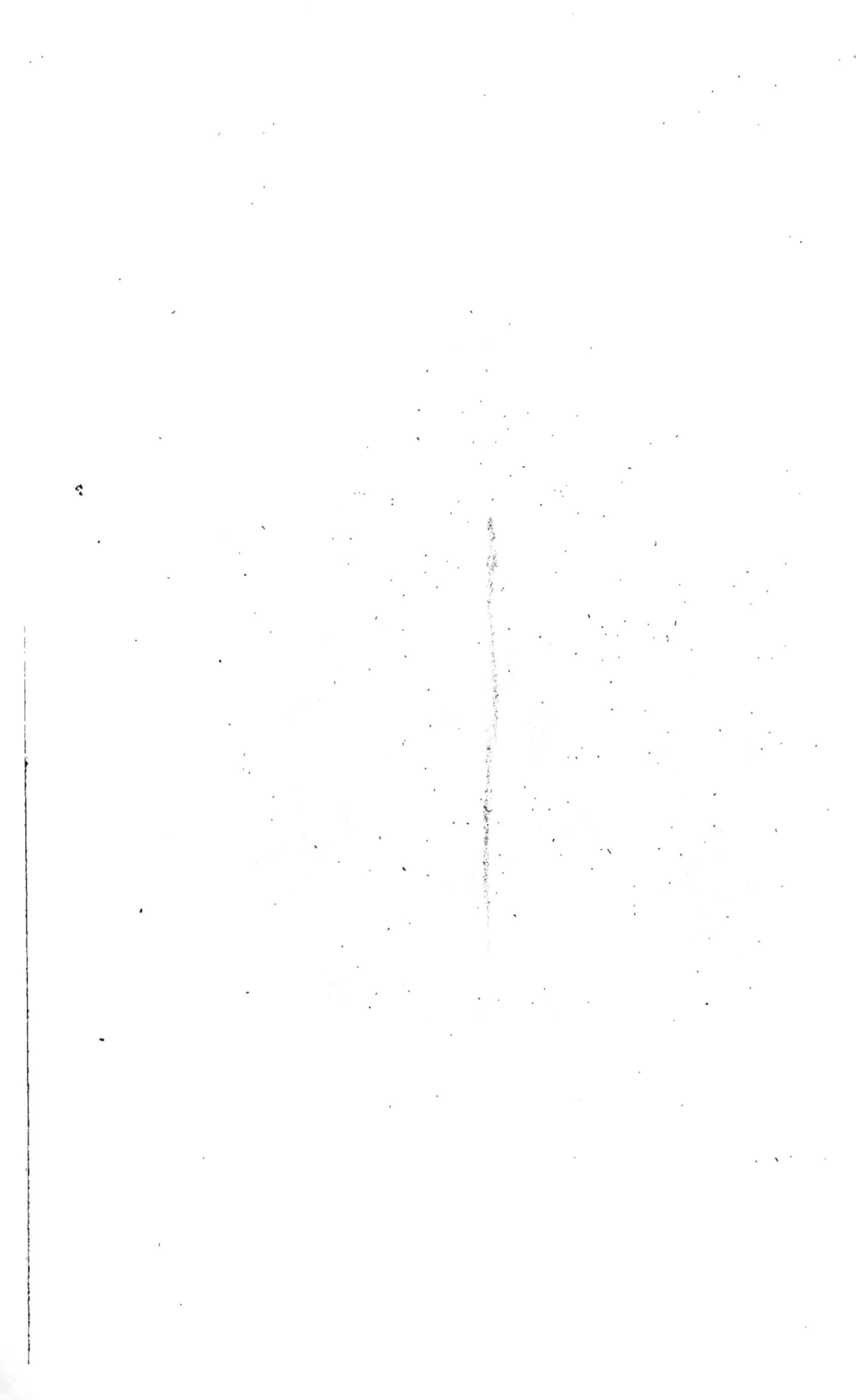

réfugia dans une baie et atteignit Skibbereen, où il jeta à la poste un certain nombre de lettres qui lui avaient été confiées par les passagers du steamer. Plus tard il parcourait une distance de 40 milles non loin de Cork, en traversant la baie de Dublin.

Le capitaine Boyton, pendant son séjour en France, a

Fig. 32. — Appareil natateur Merryman expérimenté par M. Boyton. — Manœuvre de la double rame.

exécuté de très curieuses expériences sur la Seine ; on a pu le voir manœuvrant à la roue ou à la voile, prenant la position verticale ou se couchant comme pour dormir, lisant, écrivant et mangeant sur l'eau, fumant un cigare, et enfin tirant un feu d'artifice composé de pétards et de fusées qu'il retirait des poches de son vêtement.

En 1875, M. Boyton exécuta la traversée de la Manche à l'aide de son appareil ; il était accompagné par un steamer, dans lequel se trouvait notamment un médecin, qui rapporte ainsi les incidents de la traversée : « Samedi, 10 avril, à 2 heures 30 du matin, j'examinai M. Boyton pendant qu'il s'habillait pour sa traversée.

« C'est un homme de cinq pieds 10 pouces et demi, pesant environ 70 kilos ; bien développé, à large poitrine, d'un tempérament un peu flegmatique. Sa respiration était normale, son cœur faible dans son action, son pouls faible ; 70 pulsations à la minute ; il souffrait d'une légère indisposition hépatique. Sa température prise dans la bouche était de 97°,7 Fahrenheit.

« Avant son départ, je lui fis prendre une potion composée d'une demi-pinte de lait, de trois jaunes d'œufs et une cuillerée à bouche d'eau-de-vie. Il est entré à l'eau un peu après 3 heures. A 7 heures 30, j'ai été le visiter dans un canot ; de nouveau je pris sa température, elle était alors de 97°,9 Fahrenheit ; elle s'était donc augmentée de deux dixièmes depuis son départ ; je lui fis boire une gorgée de sa potion aux œufs. Il ne prit plus rien jusqu'à la fin de ses efforts, excepté une petite quantité de « cherry-brandy » et d'eau-de-vie coupée d'eau à de longs intervalles. A 9 heures, j'allai le voir de nouveau dans une chaloupe, il se plaignait d'une grande somnolence. De temps en temps je lui rendis encore d'autres visites, il répondit à mes questions qu'il était « all right » et en meilleur état qu'au départ. Il reçut de ma main dans le cours de la journée trois cigares qui lui ont fait grand plaisir.

« Il sortit de l'eau à 6 heures, quinze heures après s'y être mis ; il était parfaitement calme et dispos, et ne trahissait aucun symptôme d'épuisement. Mon opinion est qu'il aurait pu continuer ses efforts pendant au moins six heures. Il m'a dit qu'il se sentait bon pour douze heures encore sans pagayer, et pour dix heures en pagayant. »

Le capitaine Boyton était parti de Douvres et se trouvait à 6 milles au nord du cap Gris-Nez quand, en raison de la violence du courant et de la brume, les pilotes et les médecins insistèrent pour qu'il montât à bord. On estime que les courants de la marée lui avaient fait parcourir une distance de 35 à 40 milles, alors qu'en ligne directe la traversée n'est que de 25 milles.

Le capitaine avait fait une partie de la traversée à la voile.

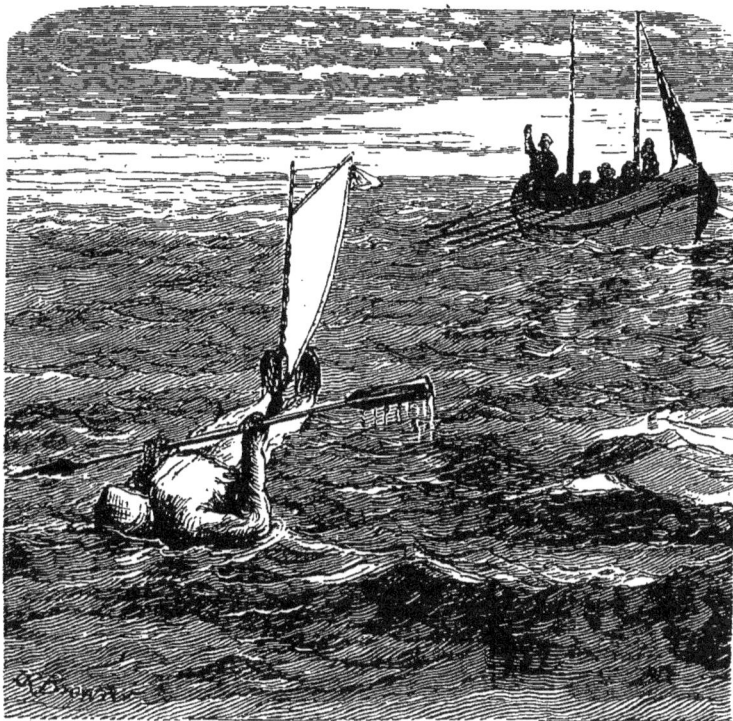

Fig, 33. — Appareil natateur Merryman, expérimenté par M. Boyton. — Manœuvre de la voile.

mais dans le milieu du détroit, les lames étant creuses, abritaient la voile, et le capitaine avait été obligé de pagayer (fig. 32 et 33).

Cette expérience prouve autant en faveur de l'imperméabilité et de la commodité de l'appareil que de la force et de l'énergie de celui qui s'en servait.

D'autres inventeurs ont modifié ou perfectionné le costume Merryman, et de temps en temps on voit le récit d'essais faits avec des appareils de ce genre.

On se rappelle les tours exécutés par un individu lors de la traversée de la Seine sur un câble de fer par un équilibriste en 1882. Ce nageur, revêtu d'un costume, répétait toutes les expériences du capitaine Boyton.

Plus récemment un expérimentateur, M. Mont, surnommé le Lion Marin, couvert d'un appareil de son invention, s'est jeté dans la Vienne à Châtellerault, un lundi à 4 heures du soir, et est arrivé à Saumur le mardi dans l'après-midi, en suivant le cours de la Loire.

On conçoit qu'étant donné le principe d'un appareil formé d'un costume imperméable avec des réservoirs d'air le rendant capable de soutenir une personne à la surface de l'eau, celui-ci puisse être susceptible d'un grand nombre d'interprétations, et d'exercer le génie des inventeurs.

En parlant des costumes insubmersibles, on peut citer le fait suivant, rapporté il y a environ un siècle par les Nouvelles littéraires de Florence : « On y dit qu'un religieux, nommé *Paul Moccia*, âgé de cinquante ans et connu par des épîtres latines et une prosodie grecque, se précipitait dans la mer, et n'était pas plus tôt au fond, qu'il revenait perpendiculairement à la surface, où il se tenait enfoncé jusqu'à la poitrine sans qu'on lui vît faire aucun mouvement. Il restait dans cette attitude les bras croisés, et marchait dans l'eau avec la même assurance que sur la terre. Des plongeurs, dit-on, l'ont plus d'une fois tiré vers le fond de la mer ; mais à peine l'avaient-ils échappé qu'il remontait comme un liège. D'autres fois il s'endormait sur l'eau, s'étendant sur sa surface comme il eût fait dans son lit, se tournait et se retournait sans jamais enfoncer. »

En admettant la réalité du fait, il est permis de supposer que le vénérable *Paul Moccia* cachait sous son habit religieux un appareil de natation. On peut sans irrévérence le considérer comme un prédécesseur du capitaine Boyton.

Depuis, le capitaine Boyton, au service du Paraguay, pendant la guerre que cette dernière nation a eu à soutenir contre l'Uruguay, a pu, à l'aide de son costume, traverser les lignes ennemies, porter des dépêches, pénétrer dans des villes assiégées, et en somme, montrer pratiquement tous les services que les appareils de natation peuvent être appelés à rendre en temps de guerre.

Dans les naufrages, un marin robuste, vêtu d'un costume insubmersible, pourra sauver des personnes incapables de nager, comme des femmes ou des enfants ; porter à terre un câble, de façon à établir un va-et-vient, faciliter le fonctionnement de celui-ci, et en somme rendre les plus grands services.

Les appareils de natation de ce genre ne sont donc pas seulement susceptibles de servir à des spectacles de curiosité, mais peuvent donner des résultats utiles et pratiques d'une grande importance.

Les marcheurs sur l'eau. — De temps en temps, des inventeurs prétendent renouveler le miracle de l'Écriture, et, munis de leurs appareils, marcher sur l'eau. Au siècle dernier, plusieurs expériences de la sorte furent tentées sur la Seine. Il y a peu d'années (1884), la même tentative a été renouvelée au quai d'Orsay : un individu, les pieds munis de périssoires lilliputiennes, glissait sur l'eau par des mouvements analogues à ceux que l'on exécute dans le patinage, et en s'aidant de ses bras comme d'un balancier.

. Les journaux de New-York annonçaient récemment les merveilleux exploits d'un homme qui marchait sur l'eau presque aussi facilement que sur la terre ferme, et donnaient de son invention la description suivante :

« Ce sont deux souliers de zinc d'une longueur de 5 pieds et d'une profondeur de 5 pouces. Ces souliers sont imperméables à l'air et pointus au bout. Au centre se trouve un espace assez grand pour contenir le pied. Au-dessous du soulier sont placés deux assemblages de cinq lames ressemblant à des volets de fenêtre. Lorsque le marcheur pousse un pied en avant, ces lames s'ouvrent, l'eau y entre et les souliers se meuvent facilement. S'il pousse le pied en arrière, elles se ferment et forment une nappe aussi solide qu'une jalousie hermétiquement close. »

« Dans une de ces expériences, dit *la Tribune* de New-York, l'inventeur a traversé la rivière d'Harlem ; il s'est frayé un chemin sans accident au milieu des steamers, des voiliers et de toutes les embarcations qui couvraient la rivière.

« En marchant sur l'eau, il ressemble plutôt à un homme qui glisse avec des patins ou des raquettes, car il ne peut que glisser sans lever les pieds, il marche sans effort apparent, mais en se tenant un peu baissé. Ses souliers n'enfoncent dans l'eau qu'à une profondeur de 3 pouces et demi. »

Les appareils des marcheurs sur l'eau n'ont donné jusqu'ici aucun résultat pratique, et leur emploi n'a constitué qu'une sorte d'exercice gymnastique exécuté par des équilibristes plus ou moins habiles.

Dans ce mode de locomotion la surface sur laquelle repose le marcheur est tellement instable que celui-ci est exposé à chavirer sitôt qu'il rencontre le moindre remous ou simplement quelques vagues.

Quant au principe, les prétendus souliers des marcheurs sur l'eau ne sont en réalité que deux embarcations qui doivent naturellement, en vertu du principe d'Archimède, déplacer un volume de liquide représentant le poids du marcheur. Dans ces conditions un bateau, ne serait-ce qu'une simple périssoire, présente bien plus de sécurité et de confortable.

LES PLONGEURS

CHAPITRE XVIII

LES PLONGEURS CÉLÈBRES

Chez les Grecs. — Scyllias. — Les plongeurs de Cléopâtre. — Pesce Colas. — Les plongeurs de Navarin. — Un plongeur indien. — La durée possible d'immersion. — La photographie instantanée.

C'est surtout en rapportant les exploits des plongeurs extraordinaires de leur époque que les anciens historiens ont fait preuve d'une exagération évidente. Leurs récits sur ce sujet souvent se transforment en légendes ; ainsi Hérodote raconte qu'un plongeur grec nommé Scyllias ayant été engagé par Xerxès pour retirer en plongeant beaucoup d'objets précieux engloutis lors du naufrage de plusieurs vaisseaux perses dans une tempête, réussit dans cette entreprise. Mais voulant retourner dans son pays alors que Xerxès voulait encore le retenir, il profita d'une autre tempête, coupa en plongeant les cordes qui attachaient les navires perses au rivage, aidé dans ce travail, dit-on, par sa fille Cyana, détruisit ainsi la flotte et, dit la légende, se sauva en nageant trois lieues sous l'eau.

Voici une facétie attribuée à Cléopâtre et qui ne réussit que grâce à l'adresse des plongeurs égyptiens ; elle est rapportée par Plutarque.

Antoine était, paraît-il, grand pêcheur à la ligne et fort vani-
teux de son talent. Un jour que Cléopâtre était présente, il prit
une quantité considérable de superbes poissons ; mais il s'était
préalablement entendu avec des plongeurs qui étaient venus les
accrocher à sa ligne. Cléopâtre s'étant aperçue de la supercherie,
ne dit rien, mais le lendemain elle revint, et Antoine tira de
l'eau, au bout de sa ligne, à sa grande stupéfaction, un superbe
poisson salé que Cléopâtre y avait fait attacher par un plongeur
qui avait devancé ceux d'Antoine.

Un plongeur dont l'histoire ou plutôt la légende nous a conservé le nom, Didion, surnommé le Rousseau, pouvait, paraît-il,
rester un temps considérable sous l'eau ; il poursuivait et prenait
les poissons à la nage. Il se noya cependant dans la Meuse en
accomplissant un de ses exploits.

Vers la fin du quinzième siècle il y avait en Sicile un fameux
plongeur dont l'histoire extraordinaire mérite d'être rapportée.
La voici telle que la racontent Alexander ab Alexandro, Pontanus
et le père Kircher, savant jésuite : « Cet homme se nommait
Nicolas, il était Sicilien, né de parents pauvres, à Catania. Il
s'exerçait dès l'enfance à nager. Il avait des dispositions natu-
relles pour cet exercice et il devint un des plus habiles nageurs
de son temps, de sorte que ses compatriotes le nommèrent Pesce-
Cola, Nicolas Poisson. Le goût et le besoin lui firent choisir le
métier de la pêche et il s'attacha à celle des huîtres et du corail.
A force de s'y livrer, il s'habitua tellement à l'eau, qu'il ne
vivait qu'avec peine sur terre. Il n'y avait point de poisson qui
pénétrât avec plus de hardiesse dans la profondeur de la mer et
qui parcourût avec plus de rapidité son immense étendue. Ce
qui au commencement n'avait été que plaisir et amusement
pour lui devint un besoin indispensable. S'il était un jour sans
entrer dans l'eau, il souffrait si fort de la poitrine qu'il ne
pouvait y résister. Il servait fréquemment de courrier d'un port
à l'autre, ou du continent aux îles voisines, et se rendait surtout
nécessaire lorsque la mer était si orageuse que les mariniers
n'osaient s'y risquer. Il ne se bornait point à nager le long de

la côte, souvent il s'avançait fort loin et y passait des jours entiers. Aussi était-il universellement connu de tous ceux qui fréquentaient les côtes de la Sicile et du royaume de Naples.

« S'il voyait passer un bâtiment, quelque éloigné qu'il fût, il l'atteignait, l'abordait, mangeait et buvait ce qu'on lui donnait, et s'offrait à porter des nouvelles des navigateurs quelque part que ce fût, ce qu'il exécutait fidèlement. Il avait même soin de se munir d'une bourse de cuir bien étanche, pour porter les lettres sans qu'elles se mouillassent. Ainsi vivait cet amphibie humain jusqu'à l'accident qui le fit périr.

« Soit que le roi de Naples Frédéric voulût essayer le talent de cet étonnant plongeur, ou qu'il voulût se faire instruire de la position et du sol de la mer dans ce fameux gouffre, près du cap de Faro, si connu par les anciens sous le nom de Carybde, il ordonna à Nicolas de s'y jeter. Celui-ci, effrayé du danger dont il connaissait toute la grandeur, fit quelque résistance. Mais le roi, voulant le décider, y jeta une coupe d'or, en lui disant qu'elle serait à lui s'il pouvait la retirer de cet abîme. La cupidité excita son courage, il se jeta dans cette terrible profondeur où, après avoir cherché pendant près de trois quarts d'heure, il reparut avec la coupe. Il informa le roi de la situation de ces cavernes et de différents monstres marins qui en faisaient leur repaire. Peut-être cacha-t-il la vérité, bien certain que personne ne pourrait le démentir.

« Le roi désira une relation plus détaillée des particularités de ce lieu et voulut y faire replonger notre homme ; mais celui-ci fit plus de résistance que la première fois et ne voulut point retenter l'aventure. Pour l'y déterminer, le roi jeta dans ce gouffre une autre coupe d'or, et promit de plus au plongeur de lui donner une bourse d'or, s'il rapportait la coupe.

« L'avidité du gain devint fatale au malheureux Nicolas. Il plongea une seconde fois, mais on ne le vit plus revenir, et même quelque recherche qu'on fît on ne put retrouver son corps. »

Après le fameux combat naval qui eut lieu dans la rade de Navarin en 1827 et où sombrèrent tant de vaisseaux, le gouver-

nement fit venir sur les lieux une compagnie de plongeurs
ioniens et siciliens pour retirer les richesses et les objets de
valeur : canons, pièces de métal, cordages, etc., enfouis au fond
de l'eau. Cette compagnie se composait de vingt et un hommes
qui faisaient des prodiges d'adresse et d'audace, restant, au dire
des témoins, de cinq à dix minutes sous l'eau. Ils employaient ce
temps à attacher des cordages ou des grappins aux objets à retirer
que l'on élevait ensuite à la surface de la mer au moyen de cabes-
tans placés sur des bateaux. Un de ces plongeurs, un Samien (de
l'île de Samos) restait sous l'eau beaucoup plus de temps que ne
pouvait faire aucun de ses compagnons ; bien souvent des spectateurs, ne le voyant pas revenir à la surface au bout d'un temps
dont ils estimaient la durée à plus d'un quart d'heure, criaient
à ses compagnons d'aller à son secours ; mais ceux-ci riaient de
leur crainte, car ils connaissaient la *portée marine* (expression
technique du pays) de leur camarade.

On raconte qu'un plongeur indou était assez habile, et pouvait
rester assez longtemps sous l'eau pour pouvoir, sans être aperçu,
aller surprendre des dames de Calcutta qui se baignaient dans
le Gange, les entraîner sous l'eau, les dépouiller de leurs bijoux,
et ensuite refaire, toujours sous l'eau, un trajet considérable,
afin de revenir sans danger respirer à la surface, au milieu des
plantes du rivage. On attribuait la disparition de la victime aux
crocodiles, quand un jour une femme s'étant débattue et lui
ayant échappé, dénonça le plongeur assassin qui fut pris et
supplicié.

A en croire certains voyageurs, les plongeurs malais restent
dix minutes ou un quart d'heure sous l'eau. Or on peut considérer comme exagérés tous les rapports d'après lesquels des
individus seraient restés volontairement sous l'eau un temps
aussi considérable que dans les récits que nous venons de
rapporter.

On n'a jamais, à notre connaissance, constaté authentiquement
et montre en main un séjour volontaire sous l'eau de plus de
quatre minutes. Ce n'est même que dans les cas tout à fait ex-

trêmes, que des plongeurs de profession descendant à une certaine profondeur sont restés trois minutes sans respirer ; ce temps d'immersion a été atteint, mais n'a jamais été dépassé non plus par les acrobates plongeurs s'exhibant en public et qui pourtant opèrent dans des conditions plus favorables que les pêcheurs d'huîtres perlières ou d'éponges.

Fig. 34. — Baigneur piquant une tête, reproduit par la photographie
instantanée.

Mais cette exagération des témoins relative à la longueur du séjour que les plongeurs font sous l'eau est pour ainsi dire excusable. Il suffit, pour s'en rendre compte, d'avoir vu une fois un bon plongeur disparaître sous l'eau et d'avoir attendu son retour ; sitôt que le léger bouillonnement produit par sa chute s'est apaisé, que les vagues ont repris leur régularité, les témoins sont plongés dans une attente qui bientôt se change en angoisses ; il leur semble que le plongeur ne reparaîtra jamais, ils sont tentés d'appeler au secours, et lorsqu'enfin celui-ci revient à la surface de l'eau, les spectateurs ressentent un véritable soula-

gement, et si on leur demandait à ce moment combien de temps
le plongeur est resté immergé, beaucoup répondraient suivant
leur impressionnabilité : cinq minutes, dix minutes ou même un
quart d'heure.

. L'image du plongeur que nous donnons ci-jointe (fig. 34)
a été obtenue à l'aide de la photographie instantanée par M. F.-G.
Martin, d'Édimbourg; elle est prise au moment où le plongeur
venant de prendre son élan quitte la planche. Le corps est
presque horizontal, mais sous l'impulsion prise il se redressera
de façon à ce qu'au moment de toucher l'eau il ait la position
verticale, la tête en bas, les pieds en l'air.

CHAPITRE XIX

LES PÊCHEURS DE PERLES ET D'ÉPONGES

Les pêcheurs de perles. — Moyens pour hâter la descente. — Les chasseurs de tortue. — Les rethassa d'Algérie. — Les requins. — Les poulpes.

Les pêcheurs d'éponges, de nacre, d'huîtres perlières, dans la Méditerranée, la mer des Indes, le golfe du Mexique, ne restent pas ordinairement sous l'eau plus de deux minutes. La durée moyenne de leurs immersions dans leurs travaux journaliers est de une minute à une minute et demie. Dans ces conditions même le plongeur en eau profonde exerce une profession excessivement pénible ; en sortant de l'eau il reste ordinairement quelque temps immobile, la face congestionnée, les yeux injectés, rendant souvent du sang par la bouche, par suite de la rupture de quelque vaisseau sanguin des poumons. Ces plongeurs ne vivent pas vieux : ils meurent parfois frappés d'apoplexie au sortir de l'eau ; ils perdent aussi fréquemment la vue par l'effet de la congestion des vaisseaux de l'œil.

Le travail des plongeurs de profession est d'autant plus pénible, on le conçoit, qu'il s'exerce à une plus grande profondeur. La durée du travail utile effectué au fond de l'eau est en effet diminuée d'autant que la descente et la montée sont plus longues, et en outre le plongeur a à subir la pression de toute la couche d'eau qui se trouve au-dessus de lui ; celle-ci, lorsqu'elle est un peu considérable, l'étouffe, l'étreint et paralyse ses mouvements.

Parmi les plus habiles plongeurs on cite les Maltais et les

Siciliens, qui dans la Méditerranée s'adonnent à la pêche du corail ou des éponges.

Les Syriens pêcheurs d'éponges emploient, pour accélérer leur descente, une dalle de marbre d'un poids considérable qu'ils prennent à deux mains en se jetant à l'eau ; ces dalles en forme d'écussons portent une inscription religieuse, chrétienne ou musulmane, telle que : « Je me remets à la garde de Dieu. » Le pêcheur les abandonne quand il a fait sa récolte et remonte à la surface ; on les ramène au bateau à l'aide d'une corde qui y est attachée.

C'est le système employé par les pêcheurs de l'Océanie. Ainsi aux îles Gambier, d'après M. G. Cuzent, « il y a dans chaque embarcation indienne des cordes liées à des pierres, dont les plongeurs se servent pour descendre plus rapidement au fond de l'eau. Quand l'un d'eux s'apprête à plonger, il prend dans les doigts du pied droit une corde à pierre, et à l'autre pied est attaché un filet en forme de sac ; il tient une seconde corde de la main droite, se bouche les narines avec la main gauche, et arrive rapidement au fond. Là il remplit son filet avec une grande adresse, car il ne peut employer que deux minutes à ce travail, seul temps qu'il puisse rester sous l'eau. Il avertit qu'on le remonte en tirant la corde qu'il tient de la main droite. »

Aux îles Philippines, les Maures de Sousou se livrent à la pêche de l'huître perlière et dressent leurs enfants à atteindre des profondeurs de plus en plus grandes, allant jusqu'à 25 mètres.

Les Taïtiens, qui avaient excité l'admiration de Cook, sont restés de très habiles plongeurs. Parlant des habitants de l'île de Fakaraya, près Taïti, M. G. de la Quesnerie dit : « Quelques-uns vont jusqu'à 18 et même 20 et 30 mètres de profondeur pour pêcher l'huître perlière. Il arrive souvent qu'ils soient forcés de s'y prendre à plusieurs fois pour détacher celle-ci du corail ou l'enlever du sable dans lequel elle est presque entièrement enfermée [1]. »

---

1. Campagne du *Chasseur* (*Archives méd. nav.*, t. I, 1882, p. 216).

Sur les côtes de Ceylan la pêche de la nacre se fait sous les ordres du gouvernement anglais, qui en limite la durée, indique les emplacements, etc. Les plongeurs sont généralement des Cyngalais exercés dès l'enfance. Le coup d'œil de ces pêches est des plus pittoresques. Cinq cents embarcations réunies dans un étroit espace contiennent chacune une équipe de plongeurs ; chacun d'eux fait dix voyages sous l'eau, puis se couche au fond du bateau, et son camarade prend sa place. Quelques plongeurs descendent jusqu'à vingt-cinq et trente brasses ; ils se servent alors d'une lourde pierre qu'ils saisissent à deux mains pour descendre plus rapidement.

Sur les côtes du Mexique les chasseurs de tortues marines emploient un procédé bizarre qui, pour réussir, exige le concours d'un habile plongeur. On voit souvent, dans ces parages d'énormes tortues venir dormir à la surface de la mer, où elles restent immobiles. Le canot des chasseurs s'en approche lentement, un bon plongeur se tient à l'avant ; arrivé à quelques toises de la tortue, il glisse sous l'eau silencieusement et disparaît ; tout à coup on voit la tortue qui se réveille, se débat, s'efforce de surnager ; le canot s'en approche et la saisit facilement. Le plongeur était simplement parvenu jusqu'à elle, l'avait saisie brusquement par la partie postérieure de sa carapace, c'est alors que la tortue se redresse, se débat et fait tous ses efforts pour rester à la surface de l'eau par cela même qu'elle se sent attirée au fond par une cause qui lui est inconnue.

Il existe dans l'intérieur même de l'Algérie une curieuse catégorie de plongeurs.

La plupart des puits artésiens indigènes et algériens remontent à une époque très reculée, et les Arabes actuellement se contentent de les entretenir en plus ou moins bon état. Le nettoyage de ces puits se fait d'une manière assez primitive et extrêmement pénible pour les individus qui en sont chargés. Ces individus, les rethassa, forment une sorte de corporation et ils semblent avoir acquis par hérédité et par l'habitude la faculté de rester un temps relativement énorme sans respirer. Un des

membres de la mission Flatters, M. Rabourdin, a pu les voir
opérer à Ouargla dans un jardin situé près de la ville. « Je trouvai là, dit-il, six hommes, jeunes, grands et paraissant vigoureux, les oreilles bouchées avec de la graisse et n'ayant pour
tout vêtement qu'un chiffon de toile à la ceinture. Quatre de ces
hommes étaient accroupis devant un feu qu'ils avaient allumé,
et deux autres travaillaient au puits.

« Un rethassa quittant le feu devant lequel il était assis se met à
l'eau. Il reste quelques instants à la surface, priant Dieu de le
préserver de la mort et faisant des ablutions sur sa tête et sa
poitrine; puis, après des inspirations rapides et de plus en plus
profondes, il plonge en glissant le long d'une corde dont l'extrémité supérieure est fixée au bord du puits. Un autre rethassa tenant la corde est averti par des mouvements de l'arrivée au fond
du puits et du commencement de l'ascension.

Lorsque le plongeur revient à la surface, il est soutenu sous
les bras par son camarade, il reprend alors avec quelque difficulté sa respiration, et, se faisant ensuite des ablutions, il semble
revenu à l'état normal et ne paraît pas fatigué.

Dans le fond du puits il a rempli à la hâte un panier avec les
déblais et il le remonte ensuite à l'aide de la corde. La profondeur du puits était assez considérable, elle atteignait 33 mètres.
Les rethassa restaient en moyenne sans respirer deux minutes
trente-trois secondes. Mais ils affirmaient pouvoir descendre jusqu'à une profondeur de 50 mètres et par conséquent être capables
de rester sous l'eau un temps beaucoup plus long. »

Voici la façon pittoresque dont M. Bouchon Brandely, qui revient d'une mission d'études sur la pêche de la nacre à Taïti,
décrit la vie des pauvres plongeurs indigènes dans l'Archipel des
Tuamotis : « Le peuple des Tuamotis n'a qu'une seule industrie,
la plonge. Tous y prennent part, les femmes comme les enfants.
Ils ont pour ce dur et pénible métier une aptitude vraiment merveilleuse.

« Il existe à Annaa une femme qui explore les fonds de
25 brasses de profondeur et reste parfois près de trois minutes

sous l'eau. Cette femme n'est pas une exception, et combien sont dangereuses ces investigations dans les sombres profondeurs de Lagon, où règnent en maîtres les requins affamés, contre lesquels, quand on ne parvient pas à les éviter, il faut engager une lutte où l'existence est en jeu! Il ne se passe pas d'année qu'un plongeur ne sorte mutilé du fond des eaux. Il n'y a qu'un an ou deux — pour ne citer qu'un seul exemple — une jeune femme eut l'épaule et le sein emportés par un de ces voraces habitants des mers (fig. 35).

« Lorsqu'un accident arrive, la terreur, l'épouvante, se répand parmi les plongeurs : la pêche de la nacre cesse pour quelque temps; mais ce sentiment de crainte justifiée de danger réel ne persiste pas. D'ailleurs il faut céder aux besoins impérieux de la vie. »

Le requin est un danger, une cause de craintes perpétuelles pour le pauvre plongeur. Sur les côtes de la Syrie ils étaient très rares autrefois, mais depuis l'ouverture du canal de Suez ils sont venus en foule de la mer Rouge et de l'océan Indien, se sont multipliés et chaque année ils font de nombreuses victimes parmi les pêcheurs de la baie de Beyrouth.

Dans les pêcheries de nacre ou de perles, sitôt qu'un requin est signalé, les plongeurs se hâtent de regagner les barques, et le travail est suspendu pour la journée.

Pour éloigner les requins, les pêcheurs de la mer des Indes ont recours à des exorcismes ou ne plongent jamais sans leurs gris-gris, les amulettes que leur a vendues le sorcier.

On raconte que l'un d'eux venant d'avoir la jambe coupée par un requin, ses camarades s'empressèrent de le ramener au rivage et là lui demandèrent s'il portait un « gris-gris contre requin. — Oui, dit-il, mais gris-gris pas bon », et, l'arrachant de son cou, il le jeta au loin.

Les pêcheurs des golfes de Panama et d'Acapulco, qui sont en général des Indiens hiaquis, se défendent contre le requin qui les attaque, de la façon suivante : lorsqu'ils plongent, ils ont, attaché à leur ceinture, un morceau de bois durci au feu aiguisé des

deux bouts : quand le requin, se précipitant sur eux, se retourne
sur le côté pour les saisir, les plongeurs, profitant du moment
où l'animal ouvre sa large gueule, y introduisent leur arme ; l'a-
nimal, se trouvant dans l'impossibilité de fermer ses mâchoires,
devient inoffensif et fuit. Il est cependant une espèce de requin,
la tintorea, ainsi désignée par les pêcheurs espagnols, contre laquelle ce moyen ne réussit pas et qui est la terreur des plongeurs
Hiaquis.

Heureusement ce requin a le corps à reflets brillants, ce
qui permet de l'apercevoir au loin, et en outre, il est, paraît-il,
myope. Or il se trouve des pêcheurs pour oser attaquer directement la tintorea, n'ayant pour toute arme qu'un coutelas qu'ils
tiennent entre leurs dents.

Dans ces combats le plus souvent c'est l'animal qui est vaincu,
mais parfois le hardi plongeur succombe victime de sa témérité
ou de son dévouement.

Les requins ne sont pas les seuls animaux contre lesquels les
plongeurs ont à lutter, ils ont aussi à se défendre contre des
bandes de congres ou des pieuvres de grande dimension.

Voici comment un plongeur du gouvernement anglais,
M. Smale, raconte une lutte qu'il a eu à soutenir en 1880, à
Belfast, contre une énorme pieuvre : la mer était peu profonde
et M. Smale avait la tête au-dessus de la surface de l'eau.

« Ayant plongé mon bras dans une excavation, dit-il, je le sentis
tout à coup retenu, mais l'eau étant encore chargée de vase, je
restai pendant quelques minutes sans pouvoir rien distinguer.
Lorsque je pus voir un peu clair, je m'aperçus avec horreur que
le tentacule d'un gros poulpe était enroulé autour de mon bras,
comme un boa constrictor. En ce moment l'animal appliqua
quelques-uns de ses suçoirs sur ma main, ce qui me fit éprouver une sensation très douloureuse.

« Je sentis une douleur comme si on me brisait la main, et plus
j'essayais de la retirer, plus la souffrance augmentait.

« A environ cinq pieds de l'endroit où j'étais, il y avait une barre
de fer que je réussis à attirer avec mon pied, à portée de ma

Fig. 35. — Une pêcheuse de nacre attaquée par un requin.

main gauche, et je m'en saisis. C'est alors que commença le combat. Je frappais à tour de bras, mais plus je frappais plus le monstre me serrait, si bien que mon bras était complètement engourdi. Je continuai à frapper, et je sentis à la fin que l'étreinte se relâchait, mais je n'en fus quitte qu'après avoir déchiré en plusieurs tronçons le tentacule qui me retenait captif. La bête lâcha aussi alors le rocher auquel elle était fixée, et je m'en emparai.

« J'étais complètement épuisé, étant resté dans cette situation plus de vingt minutes. Je remontai avec l'animal, ou plutôt avec une partie de l'animal. Il mesurait huit pieds de diamètre, et je suis convaincu qu'il aurait pu capturer cinq ou six hommes à la fois [1]. »

On se rappelle que c'est une scène de ce genre qu'a décrite si puissamment Victor Hugo dans les *Travailleurs de la mer*.

1. *La Nature*, 1880, 1er sem., p. 238.

CHAPITRE XX

LES ACROBATES-PLONGEURS.

Un plongeon de 30 mètres. — Les plongeurs en aquarium. — Miss Lurline. — L'homme-poisson. — Fumer sous l'eau. — Lore-Ley et James. — Trois minutes sous l'eau. — La physiologie des plongeurs.

Les plongeurs de profession. — La plupart des nageurs de profession dont nous avons parlé exécutent une partie de leurs exercices sous l'eau ; souvent ils se présentent au public en se précipitant d'une hauteur plus ou moins considérable : on en a vus dans des intermèdes de courses de natation se jeter du haut d'un pont dans une rivière soit les pieds en avant, la tête la première, ou en faisant dans l'espace une ou même deux culbutes.

On raconte l'histoire d'un plongeur de profession qui se jetait dans la Tamise du haut d'un des ponts de Londres, c'est-à-dire d'une hauteur au-dessus de la surface de l'eau de douze à quinze mètres. Avant chacun de ses exercices il faisait faire une quête parmi l'assistance toujours très nombreuse, car indépendamment de cet énorme plongeon il se livrait ensuite à des tours de natation, de véritables exercices acrobatiques. Il avait fait ce plongeon de quinze mètres un grand nombre de fois, il s'y livrait peut-être depuis plusieurs années, quand un jour, ayant mal pris son élan, il tomba dans l'eau sur le côté ; les curieux l'attendirent en vain, le plongeur ne reparut pas. On retrouva son cadavre le lendemain.

Disons à ce sujet que l'Anglais dont parlait récemment M. Jules

Remy dans une intéressante lettre adressée à la *Nature* s'ex-
posait au même accident : « J'ai vu maintes fois, dit-il, un Anglais
se jeter d'une hauteur de trente et un mètres dans le lit d'une
rivière étroite et profonde. Ce gentleman avait coutume de dire

Fig. 36. — Miss Lurline dans son aquarium.

qu'il trouvait à cet exercice, à ce sport, une sensation des plus
agréables ; c'était d'ailleurs un robuste nageur (taille 1^m,85,
poids 102 kilos.), qui pouvait rester dans la mer sept heures
durant sans prendre pied.

Les plongeurs en aquarium ne se livrent pas à des exercices

acrobatiques aussi violents, ils se contentent d'exécuter dans le fond de leur bassin une série d'expériences tendant à prouver qu'ils sont aussi à l'aise au-dessous de la surface de l'eau que les autres personnes à la surface du sol.

Miss Lurline — la reine des eaux, disait l'affiche exhibée au cirque des Champs-Élysées — était un très curieux exemple de personnes pouvant rester un temps relativement considérable sous l'eau sans asphyxie.

L'aquarium dans lequel elle se montrait mesurait sur sa plus grande face environ 3 mètres de long sur 2 mètres de haut, il était formé de glaces transparentes et rempli d'eau semblant légèrement teintée en vert. Cinq ou six lampes oxhydriques munies de réflecteurs l'éclairaient fortement par transparence.

Miss Lurline plongeait, nageait, se couchait et mangeait au fond de l'eau, passait entre les barreaux d'une chaise, etc.

A un certain moment, la musique cessait, la jeune femme faisait quelques grandes inspirations, puis se laissait couler au fond de son aquarium où elle s'agenouillait, les mains jointes. Son impressario regardait une montre et comptait les demi-minutes en frappant avec un marteau. Une demi-minute!... une minute!... une minute et demie!... deux minutes!... deux minutes et demie (fig. 36)! Au milieu de ce silence interrompu seulement par les coups de marteau, les minutes semblaient énormes, les spectateurs éprouvaient une sorte d'angoisse, et c'était pour la plupart un véritable soulagement quand la plongeuse remontait à la surface.

Pour bien se rendre compte de ce que sont deux minutes et demie passées sans respirer, chacun peut faire sur soi-même une petite expérience, et retenir sa respiration le plus longtemps possible, en regardant une montre à secondes. Bien peu de personnes dans ce cas résisteront une minute, la plupart ne pourront s'empêcher de respirer avant que quarante-cinq secondes se soient écoulées, ce n'est que par exception et avec bien de la difficulté que quelques-unes atteindront une minute quinze secondes.

Depuis une dizaine d'années, quatre ou cinq plongeurs et plongeuses ont été exhibés à Paris sous des noms plus ou moins aquatiques, tels que l'Homme-poisson, l'Homme-amphibie, la Femme-sirène, la Reine des eaux. Leurs exercices ont toujours été à peu près les mêmes : nager, plonger, se coucher au fond de l'aquarium, y manger, rester le plus longtemps possible sous l'eau, etc. L'un d'eux cependant, l'Homme-poisson, faisait en plus une expérience assez curieuse. Il fumait presque entièrement une cigarette, mais sans rendre la fumée; il se couchait ensuite au fond du bassin, et alors seulement sortait de sa bouche une colonne de bulles grises qui venaient faire bouillonner la surface du liquide. La quantité de fumée ainsi rendue semblait énorme. Par intervalles le jet de fumée s'arrêtait pour recommencer quelques instants après, à la grande surprise des spectateurs. Quelques-uns de ceux-ci estimaient que l'expérience durait bien cinq minutes; en réalité elle ne dépassait pas une minute. Sur l'affiche, cet exercice portait le titre paradoxal de « fumer sous l'eau ».

En 1884, aux Folies-Bergère, s'exhibaient deux plongeurs sous les noms de Lore-Ley et James, un homme et une femme qui, après avoir exécuté dans leur aquarium tous les tours habituels des plongeurs, restaient, sous l'eau, la femme une minute et quarante-cinq secondes, l'homme restait trois minutes, c'est-à-dire plus longtemps que ne l'avait fait alors aucun de ses confrères.

Physiologie des plongeurs. — D'où vient cette faculté que possèdent certaines personnes de pouvoir rester plus longtemps que d'autres sans respirer? Les anciens physiologistes l'attribuaient à la non-occlusion du trou de Botal : « Si, disaient-ils, un plongeur peut vivre un certain temps sans le secours de ses poumons, c'est que son cœur doit être comme celui de l'enfant avant de naître, il ne doit pas avoir le trou de Botal fermé. » — Le premier plongeur autopsié permit de démontrer la fausseté du raisonnement.

On a prétendu aussi que les plongeurs ne se nourrissaient que de végétaux, cette nourriture donnant un sang moins riche en globules, par conséquent moins exigeant en oxygène. On a supposé enfin que les plongeurs se montrant en public prenaient soit de la morphine dans le but de ralentir leur circulation, ou de la digitale afin de ralentir les battements du cœur.

Ces prétendus moyens ne sont pas praticables ou iraient à l'encontre du but cherché. La faculté de rester longtemps sans respirer ne semble due qu'à un grand développement de la capacité pulmonaire, à des poumons d'un grand volume et parfaitement sains.

Cette grande capacité peut être naturelle; elle peut être le résultat de l'hérédité comme cela est probable pour les fils et petits-fils des pêcheurs, elle peut être acquise ou tout au moins développée par l'exercice.

La profession de plongeur se rapproche sous ce rapport de celle de coureur, de gymnaste et aussi de celle de chanteur. Il serait en effet tout aussi impossible à la plupart des personnes de courir plusieurs kilomètres comme le font les coureurs de profession ou de chanter à pleine voix pendant plusieurs heures de suite comme le font les chanteurs de grand Opéra, que de rester comme les acrobates-plongeurs une, deux ou trois minutes sous l'eau, et cela pour la même cause : l'insuffisance du développement de leurs poumons.

CHAPITRE XXI

LES PLONGEURS AVEC APPAREILS

Les cloches à plongeurs. — Le bassin d'airain. — L'abbé de la Chapelle. — Histoire du scaphandre. — Le scaphandre moderne. — Son utilité. — Un voyage sous l'eau.

Les scaphandres. — Depuis longtemps on a cherché à suppléer à l'inconvénient que présente le peu de durée possible du séjour de l'homme au fond de l'eau en essayant de faire parvenir à celui-ci de l'air pur.

Les anciens connaissaient le moyen de donner au plongeur sous l'eau une provision d'air au moyen d'une cloche ou d'un bassin d'airain renversés. Les pêcheurs d'éponges dans la mer Ionique employaient ce procédé.

Aristote parle d'un instrument par lequel les plongeurs restaient en communication avec l'air atmosphérique et le compare à la trompe d'un éléphant. En 1540 des Grecs plongeaient en présence de Charles-Quint et prolongeaient leur séjour en venant respirer dans un grand chaudron renversé, descendu préalablement. En 1660, on a retiré, au moyen de cloches à air, les canons de l'Armada échoués dans un port d'Écosse. Léonard de Vinci donne la description d'un appareil avec lequel un plongeur ramassait des pièces de monnaie au fond de la mer.

Au siècle dernier un astronome anglais construisit une cloche à plongeur et descendit sous l'eau à une profondeur d'environ 15 mètres.

Le nom de scaphandre (qui signifie homme-nacelle) fut créé

en 1769 par l'abbé de la Chapelle, qui l'avait donné à un appareil de son invention. Cet appareil se composait d'une espèce de corset de liège recouvert de toile et n'avait d'autre but que de faire surnager celui qui en était muni. L'abbé de la Chapelle proposait son appareil non-seulement comme moyen de sauvetage et de natation prolongée, mais encore il faisait ressortir les services qu'il pourrait rendre, dans les guerres, pour la reconnaissance des places fortes entourées de fossés submergés ; dans ce cas, il ajoutait à son système une sorte de casque de liège recouvert de métal destiné à protéger la tête du nageur.

On voit que ce premier scaphandre avait une forme se rapprochant de celle des scaphandres de nos jours, bien qu'étant créé dans un but tout différent.

Une dizaine d'années après, un Anglais, l'ingénieur Smeaton, inventa une armure, une sorte d'habit résistant, enveloppant le plongeur des pieds à la tête (*diving dress*, habit de plongement) et approvisionné d'air au moyen d'un tuyau flexible ; un autre tuyau permettait l'évacuation de l'air vicié.

En 1797, un habitant de Breslau inventa un appareil de plongeur consistant en un cylindre de métal hermétiquement clos, dans lequel se plaçait l'individu, et qui était en communication, par un tuyau, avec une pompe à air. La première expérience publique eut lieu en juin 1797. Un certain F. G. Joachim descendit par ce moyen au fond de l'Oder, et scia le tronc d'un arbre qui y séjournait ; lorsqu'il revint à la surface de l'eau, il fut salué par les hourras et les exclamations enthousiastes de ses compatriotes.

Au commencement du siècle, un simple ouvrier menuisier de Montcontour, en Bretagne, ayant entendu parler « de l'appareil qui permettait de descendre sous l'eau », résolut d'en construire un lui-même. Il y parvint, et muni de la machine qu'il avait inventée et construite, il pouvait traverser la rivière, peu profonde il est vrai, séjourner et marcher au fond, et rester sous l'eau un temps considérable ; d'après la description qui nous a été donnée, cet appareil aurait été composé d'une sorte de

casque en bois, relié au corps par une toile imperméable, muni
sur le.devant d'une vitre communiquant avec l'air extérieur par
une manche de toile maintenue ouverte à l'aide de fils de fer, et
dans laquelle un autre petit conduit servait à expulser les pro-
duits de la respiration.

Un autre appareil inventé dans le même but, un peu plus tard,
consistait en une espèce de gros tube dont l'une des ouvertures
restait à l'air libre, tandis que l'autre était reliée à une sorte d'armure métallique imperméable à parois suffisamment épaisses
pour résister à la pression de l'eau dans laquelle était renfermé
le plongeur. Mais ce système, qui était trop lourd et trop embar-
rassant, a été promptement abandonné.

C'est à l'exposition universelle de 1855 que furent présentés
en France les premiers systèmes de scaphandre, d'un caractère
réellement pratique. Ces appareils, d'aspect étrange, obtinrent
un grand succès de curiosité, mais on était loin de se douter
en ce moment des services qu'ils étaient appelés à rendre.

Le scaphandre réalise, en effet, cette conception des contes et
des légendes, dans lesquels on voit des individus descendre au
fond de la mer et y circuler, grâce à un talisman ou à un
pouvoir magique.

Mais ces légendes parlent même quelquefois d'appareils à
plonger, de véritables cloches à plongeur ou scaphandres : ainsi
une vieille légende indienne raconte que le roi Souran se fit
construire une caisse de verre, lui permettant de naviguer et de
descendre au fond de l'eau ; c'est par ce moyen qu'il parvint dans
les États du roi de la mer, dont il épousa la fille... Sur les côtes
de Bretagne, dans les chaumières des pêcheurs, le soir à la
veillée, on raconte une légende dans laquelle le petit mousse
dit au roi, dont le génie de la mer avait enlevé les deux filles :
« Faites-moi faire un tonneau le plus grand que vous pourrez,
avec des douves de corne transparentes aux deux bouts, afin
que mon tonneau soit éclairé. » Le tonneau construit, le petit
mousse s'y embarqua, il avait fait une provision de galets sur la
plage et en avait lesté son tonneau de façon à ce qu'il pût des-

cendre au fond de la mer; quand il voulait remonter à la surface ou prendre un courant favorable, il jetait un peu de lest;
il put ainsi accomplir un immense voyage et délivrer les deux
princesses [1].

En Écosse, on raconte que si un pêcheur prend la peau d'un
phoque et s'y renferme de façon à ne laisser aucune ouverture,
il pourra descendre, marcher, séjourner au fond de l'eau comme
faisait l'animal dont il porte la dépouille.

Depuis l'époque de leur invention, les scaphandres ont subi
bien des modifications, qui en ont rendu l'usage moins dangereux et moins pénible pour le plongeur qui y est renfermé, et
lui permettent un séjour plus prolongé et une descente à des
profondeurs plus considérables.

Mais le principe de l'appareil est resté le même, c'est-à-dire qu'il
se compose toujours d'un vêtement de tissu complètement imperméable et d'une grande résistance, qui vient se fixer hermétiquement à un casque de métal percé d'ouvertures garnies de glaces
très épaisses, où est une espèce de capuchon, dont la partie antérieure est un masque ayant également des ouvertures garnies de
glaces. Le casque s'emploie pour des travaux sous-marins où le
plongeur doit tenir la tête droite, comme pour la réparation de
la cale des navires. Le masque est préférable quand le plongeur
doit tenir la tête inclinée, comme dans des recherches ou des
travaux à exécuter au fond de la mer. On sait que le plongeur
respire un air constamment renouvelé, qui lui est envoyé à l'aide
d'un long tuyau par une pompe foulante manœuvrée à bord
d'une embarcation. La pression de l'air dans l'appareil doit toujours être égale à la pression de l'eau au niveau où il se trouve
plongé. Dans quelques systèmes ce réglage est automatique.

Le premier usage que l'on fit du scaphandre, en France, était
propre à frapper l'attention publique :

Deux paquebots des Messageries, le *Gange* et l'*Impératrice*,
s'étant abordés dans l'avant-port de Marseille, les chambres des

1. Paul Sébillot, *Contes de marins*.

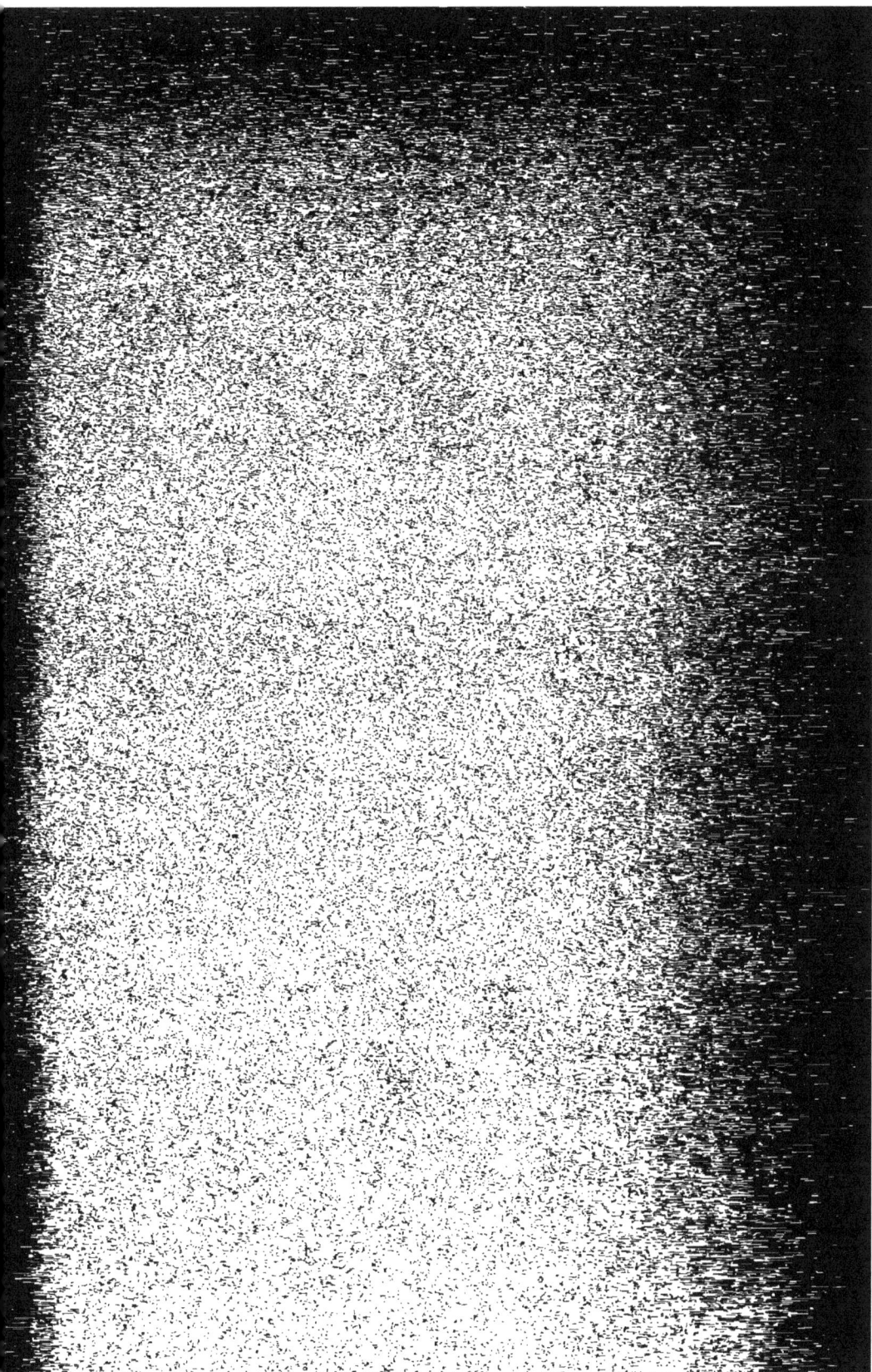

GUYOT-DAUBÈS.

UN PLONGEUR CONSTRUISANT LE PHARE D'ANVERS.

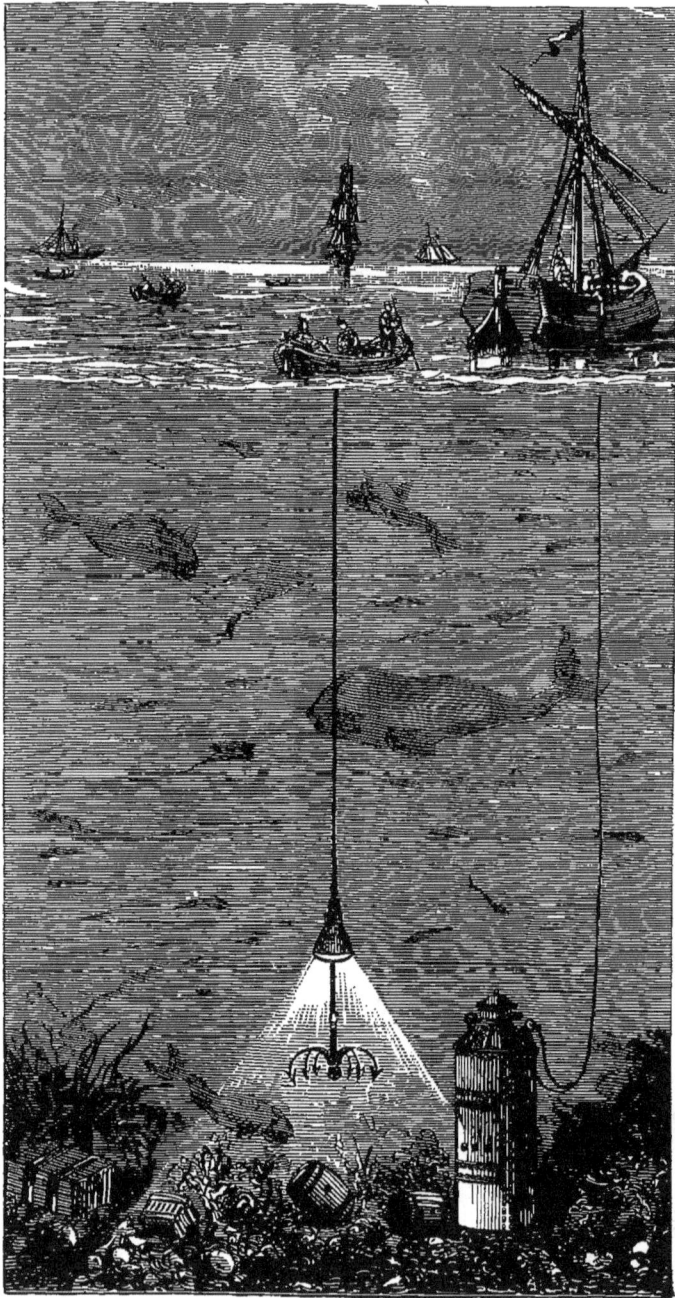

Fig. 37. — Sauvetage d'objets sous-marins par la cloche et le grappin Toselli.

officiers de ce dernier navire furent brisées ; l'une d'elles contenait une caisse remplie d'or, qui fut engloutie dans les flots. Pour
retrouver le précieux colis, on employa les scaphandres : comme
aucun point de repère n'indiquait l'endroit exact de l'abordage,
on laissa tomber, à l'endroit supposé, un gros plomb de 60 kilogrammes, relié à deux cordes divisées au moyen de nœuds de
mètre en mètre. Deux plongeurs revêtus de scaphandre descendirent et, prenant chacun une corde, décrivirent des cercles
concentriques, examinant et sondant la vase à chaque pas. Au
bout de trois heures de recherches, la caisse était retrouvée.

Actuellement le scaphandre sert journellement : dans la marine, on l'emploie à la réparation des coques des navires, à l'examen d'une avarie, au dégagement d'une ancre ou d'un câble ; dans
les travaux publics, à la pose ou à la direction des travaux sous-
marins (pl. I). Enfin, dans la pêche des perles, des coraux ou des
éponges, un marin, muni d'un scaphandre, fait une récolte plus
abondante et plus précieuse en quelques heures, qu'une équipe
de pauvres plongeurs ne pourrait le faire dans toute une semaine.

L'usage du scaphandre demande une certaine habitude, un
certain apprentissage. L'organisme a besoin d'être accoutumé
graduellement à supporter des pressions un peu considérables
et prolongées. Le plongeur, dans son appareil, ne reste d'abord
que peu de temps au fond de l'eau, puis peu à peu il s'accoutume
à un séjour de plus en plus long, à des profondeurs de plus en
plus grandes.

Un plongeur exercé pourra exécuter un travail au fond de
l'eau ou exercer une surveillance à une profondeur de 25, 30 et
même 35 mètres et rester sous cette effroyable pression pendant
deux heures, trois heures et même davantage.

Les « amateurs » qui, par curiosité, veulent faire une descente
en scaphandre sans s'être préalablement soumis à l'entraînement suivi par les plongeurs de profession, s'exposent, à moins
d'une disposition organique particulièrement favorable, à trouver
très pénible ce mode d'excursions sous-marines.

Voici la façon pittoresque dont un savant bien connu,

M. Esquiros, a décrit les impressions qu'il a éprouvées dans un semblable voyage :

... « Le moment terrible, dit M. Esquiros, est celui où l'on touche la surface des vagues ; quoique l'Océan fût calme, ce jour-là, comme un lac, je me trouvai battu et soulevé, malgré mes poids de plomb, par le mouvement naturel des vagues roulant les unes sur les autres. Ce fut bien pis, lorsque j'eus la tête sous les vagues et que je les sentis danser au-dessus du casque. Avais-je trop d'air dans l'appareil, ou n'en avais-je pas assez? Il me serait bien difficile de le dire ; le fait est que je suffoquais.

« En même temps, je sentis comme une tempête dans mes oreilles, et mes deux tempes semblaient serrées dans les vis d'un étau.

« J'avais en vérité la plus grande envie de remonter; mais la honte fut plus forte que la peur, et je descendis lentement, trop lentement à mon gré cet escalier de l'abîme qui me semblait ne devoir finir jamais : il n'y avait pourtant que 30 ou 32 pieds d'eau en cet endroit-là.

« A peine avais-je assez de présence d'esprit pour observer autour de moi les dégradations de la lumière : c'était une clarté douteuse et livide qui me parut beaucoup ressembler à celle du ciel de Londres, par les brouillards de novembre.

« Je crus voir flotter çà et là quelques formes vivantes sans pouvoir dire exactement ce qu'elles étaient ; enfin, après quelques minutes qui me parurent un siècle d'efforts et de tourments, je sentis mes pieds reposer sur une surface à peu près solide. Si je m'exprime ainsi, c'est que le fond de la mer lui-même n'est pas une base très rassurante ; on se sent à chaque instant soulevé par la masse d'eau, et pour ne point être renversé, je fus obligé de saisir l'échelle avec les mains. »

L'explorateur sous-marin veut essayer, quelques moments après, de se promener au fond de la mer, mais il avoue que le silence qui règne dans la morne solitude où il se trouve le paralyse et le fixe au pied de l'échelle qu'il n'ose quitter. Voulant rapporter un souvenir de son voyage, il se baisse pour ramasser un caillou au fond de la mer et donne le signal convenu pour qu'on le fasse remonter à la surface.

« Avec quel sentiment de bonheur, continue M. Esquiros, je rentrai dans mon élément ! Il me fallut pourtant encore regagner et remonter le haut de l'échelle. Une fois dans le bateau, on m'enleva d'abord la visière, puis le casque tout entier, puis enfin mon équipement de plongeur. Je m'aperçus seulement qu'il était plus facile d'entrer dans cet habit que d'en sortir ; l'extrémité des manches était si étroitement collée qu'il fallut faire usage d'un instrument pour distendre l'étoffe...

« Les bons marins me félicitèrent de mon retour à la vie, tout en riant de mon équipée. Selon eux j'avais été faire un plongeon de canard au fond de la mer ; en vérité ma courte descente n'avait été guère autre chose, et pourtant, mon but ne se trouvait-il pas atteint ? Je connaissais maintenant les méthodes essentielles des plongeurs, et surtout j'avais pu admirer de près la nature particulière de ces hommes qui, non contents de séjourner quelques minutes sous l'eau, s'y montrent capables d'exécuter pendant des heures entières toutes sortes de travaux pénibles. »

D'autres fois le plongeur n'a qu'à donner des indications, diriger, par exemple, la manœuvre d'un appareil au fond de la mer : dans ce cas, au lieu d'être dans un scaphandre et de subir la pression de l'eau, le plongeur descend dans une cloche à parois résistantes dans laquelle il peut se mouvoir, regarder, examiner le fond de la mer par des lucarnes garnies de glaces très épaisses ; ces cloches permettent de descendre à une profondeur beaucoup plus considérable que celle qu'il est possible d'atteindre avec le scaphandre. Le plongeur peut explorer ainsi des fonds à 100 ou même 200 mètres au-dessous de la surface de l'eau ; au-dessous de 100 mètres la lumière du jour ne pénètre plus suffisamment pour permettre au plongeur de distinguer les objets ; on descend alors au fond de l'eau une puissante lampe électrique qui inonde de lumière les travaux à exécuter et souvent des paysages sous-marins d'un aspect féerique.

Particularité curieuse, cette lumière a pour résultat d'attirer les poissons et les habitants de ces profondeurs en quantité innombrable.

C'est sur ce principe que sont basés beaucoup d'appareils d'explorations sous-marines, parmi lesquels nous citerons celui de M. Bazin et celui de M. Toselli, représenté ci-joint (fig. 37).

Dans ce dernier appareil le plongeur reste en communication avec le bateau à l'aide d'un fil télégraphique par le moyen duquel il dirige la manœuvre des outils tels que le grappin représenté dans la figure. La quantité d'air emmagasiné par la pression dans la double paroi de l'appareil est suffisante pour que deux hommes y puissent séjourner de la sorte toute une journée, et cela à des profondeurs dont on peut se faire une idée par l'élévation des plus hauts monuments de Paris : les tours Notre-Dame ou le Panthéon.

LES GYMNASTES

CHAPITRE XXII

L'HOMME-SINGE

Les singes acrobates. — Le rôle du pied. — Les Japonais. — Joko, le singe du Brésil. — Les Lauri-Lauri's. — L'art de grimper sur les arbres.

Si, avec la théorie de l'évolution, on admet que l'homme descend du singe, ou tout au moins que l'espèce humaine et l'espèce simienne aient eu un ancêtre commun, on ne peut s'empêcher de rapprocher, tout au moins, les exercices exécutés par les gymnastes, les acrobates faisant de la voltige, de ceux que les singes exécutent à l'état de liberté sur les arbres des forêts au milieu desquelles ils vivent. Les singes se servent dans leurs bonds, dans leurs ascensions le long des arbres, dans leur passage d'un arbre sur un autre, autant de leurs bras que de leurs jambes. Or il est à remarquer qu'il en est de même chez les gymnastes. Dans leurs exercices, l'action des jambes est peu de chose comparativement à celle des bras, alors que chez l'homme restant sur le sol c'est l'inverse qui a lieu ; les jambes, dans presque toutes nos actions, la marche, la course, l'ascension d'un escalier ou d'une montagne, fatiguent beaucoup plus que les bras.

Un dernier rapprochement entre les exercices acrobatiques des hommes et ceux des singes à l'état de liberté :

On sait que les singes sont des quadrumanes, c'est-à-dire que leurs pieds sont de véritables mains dans lesquelles le gros orteil est opposable aux autres doigts.

Le singe qui s'appuie sur une branche avec son pied la saisit entre son pouce, son orteil et les autres doigts, comme l'homme fait quand il saisit un objet avec sa main (fig. 38).

Or quelques acrobates se servent également de leurs doigts de pied avec une très grande adresse pour se tenir soit à une corde, à un bâton, à une tige de bois.

Les acrobates japonais arrivent par ce moyen à exécuter des tours surprenants.

On a pu en juger par la troupe qui s'est exhibée récemment aux Folies-Bergère et à l'Hippodrome.

Parmi les exercices qui étaient faits par cette troupe, on peut citer ceux du bambou.

Une perche de bambou longue de 5 à 6 mètres était maintenue verticalement en équilibre, sa base appuyée sur la ceinture d'un des acrobates.

Sur cette tige grimpait alors un jeune garçon d'une douzaine d'années dans le pittoresque costume japonais, et dont les pieds étaient nus.

Pour grimper à cette perche, il la saisissait entre son gros orteil et les autres doigts ; les mains étant portées alternativement l'une au-dessus de l'autre, il marchait en somme le long de cette tige comme aurait pu le faire un véritable singe.

Arrivé au sommet du bambou il exécutait divers tours, tels que les suivants :

Appuyant un pied sur la tige et la saisissant d'une main par la partie supérieure, il restait suspendu dans le vide, son corps formant un X.

Prenant la tige entre ses deux mains légèrement espacées, il portait son corps horizontalement dans le vide, faisant à peu près ce qu'en gymnastique on appelle le drapeau.

Fig. 33. — Gorille.

Il se suspendait par les pieds, la tête en bas, descendait dans cette étrange position, se fixait, accroupi le long de la tige, une seule jambe passée autour de celle-ci et le pied de l'autre jambe appuyé de l'autre côté ; maintenu par la seule pression de ces deux points, le corps complètement dans l'espace, il restait pendant plusieurs minutes dans cette singulière posture ne semblant pas fatigante pour lui ; se croisait les bras, agitait son éventail ou saluait le public.

Dans l'exercice de l'*échelle brisée*, le gymnaste commençait ses tours sur une échelle tenue verticalement en équilibre par un autre Japonais qui plaçait un des montants tantôt sur sa ceinture, tantôt sur son épaule (fig. 40).

Tout à coup l'échelle se séparait en deux, l'un des montants tombait sur le sol, tandis que sur l'autre restait le jeune gymnaste.

Comme mise en scène et comme propre à exciter la surprise et l'émotion des spectateurs, ce tour était très joli.

Citons encore dans le même genre un autre exercice de cette même troupe de Japonais.

L'un d'eux, suspendu par les jarrets à une sorte de trapèze, tenait dans ses mains un cadre auquel pendaient deux perches. Sur celles-ci deux des jeunes gymnastes japonais se livraient symétriquement aux mêmes exercices.

A un certain moment, placés au sommet de ces perches, accroupis dans la position que nous avons déjà décrite, ils se laissaient tout à coup rapidement glisser, et ce n'est qu'arrivés à l'extrémité inférieure de cette perche que, par une simple contraction des muscles, par une simple pression exercée entre leurs jarrets et la plante du pied de l'autre jambe, qu'ils parvenaient à s'arrêter juste au moment où une chute semblait imminente.

Un jour cependant l'un d'eux ne put s'arrêter à temps et tomba dans la salle sur une jeune dame qu'il blessa assez grièvement. Lui ne se fit aucun mal.

Certains gymnastes excellent à imiter l'agilité et la souplesse des singes.

Vêtus d'un costume les faisant ressembler à ces animaux, ayant sur la partie inférieure de la figure un masque représentant un museau et la partie supérieure maquillée d'une couleur foncée ; très souvent ayant les pieds nus mais teints également, ces acrobates, sous cet étrange costume, se livrent à des bonds, à

Fig. 39. — Naturel de l'Australie escaladant un arbre.

des sauts, à des culbutes comme le ferait l'animal qu'ils veulent imiter.

Ils grimpent à des arbres ou à des perches, escaladent des maisons ou dégringolent de plusieurs étages, suivant l'action de la pièce dans laquelle ils jouent un rôle.

Parmi les hommes-singes célèbres on cite l'acrobate Mazurier qui faisait Joko, le singe du Brésil, dans la pièce de ce nom.

L'homme-singe, qui s'est exhibé aux Folies-Bergère et dans

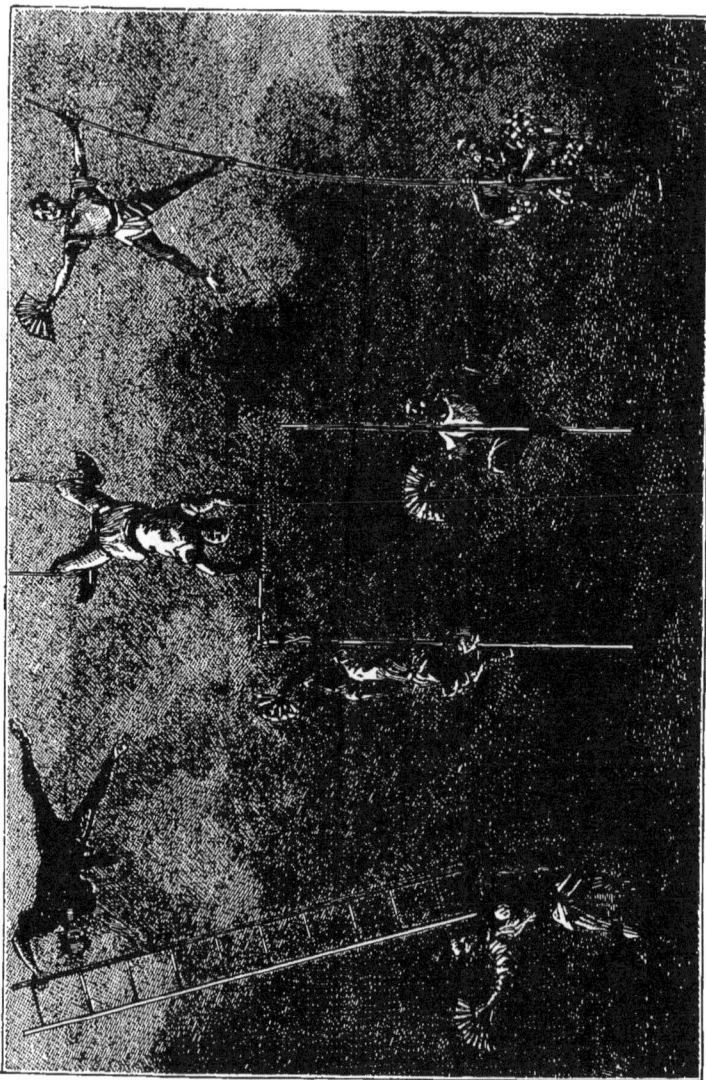

Fig. 40. — Acrobates japonais.

différents cirques de Paris, était un jeune acrobate japonais
chez lequel les pieds jouaient un grand rôle dans les exercices
d'agilité.

Il se suspendait notamment à une corde par les pieds et se
maintenait sur celle-ci par la seule pression de ses orteils contre

Fig. 41. — Naturel australien taillant des plaques d'écorce servant à construire
leurs canots.

les autres doigts : fait des plus remarquables au point de vue
physiologique et anthropologique.

Dans *Peau-d'Ane*, la féerie jouée récemment au théâtre du
Châtelet, les frères Lauri-Lauri's se partageaient successivement
le rôle du singe, qui était la grande attraction de la pièce.

On se rappelle notamment que ce singe grimpait le long des
colonnes d'avant-scène, se promenait sur la balustrade des fau-

teuils des galeries où il se livrait à mille sauts et cabrioles, se
grattait, cherchait ses puces, faisait des grimaces aux enfants,
prenait la lorgnette d'un spectateur et, d'un énorme bond, sautait
de la galerie sur la scène en emportant le chapeau de l'un d'eux
dont il se coiffait et avec lequel il faisait des sauts et des culbutes, ce qui amusait beaucoup les enfants.

Ces exercices d'agilité, qui dans nos pays civilisés n'ont qu'un
intérêt de curiosité, ont dans les pays sauvages une utilité pratique de chaque instant. Les sauvages grimpent aux arbres soit
pour y chercher des fruits comme des noix de coco, ou encore
d'autres aliments comme le chou-palmiste, ou pour récolter des
œufs d'oiseau.

Pour exécuter ces ascensions ils emploient divers moyens.

Les naturels de l'Australie, d'après M. Gabriel Marcel, grimpent aux arbres de la façon suivante :

« Dès que le sauvage a découvert l'arbre qui lui paraît propre
au but qu'il se propose, il prend en main sa hache de pierre, fait
une entaille dans l'écorce pour y placer le pouce du pied, embrasse l'arbre, se dresse, fait une seconde entaille pour l'autre
pied, et grimpe avec une facilité, une rapidité et une grâce dont
nous ne nous faisons pas une idée (fig. 39 et 41).

« Dans l'Australie occidentale, le manche de la hache est
pointu, et les naturels, après avoir pratiqué l'entaille, le piquent
dans l'écorce, et s'en servent pour se hisser. Ailleurs, à l'aide
d'une simple corde de fibre végétale aux deux extrémités de
laquelle sont des poignées en bois, les naturels escaladent de
très gros arbres.

« D'autres fois la corde est passée autour de l'arbre et du grim-
peur, de manière à être arrêtée par la chute des reins.

« L'homme embrasse l'arbre avec ses jambes, soulève la corde,
se hisse, sans que jamais elle vienne à glisser, et monte en très
peu de temps à la hauteur voulue [1]. »

D'un autre côté le docteur Monin, dans l'intéressant récit de

1. *Nature*, 1er semestre 1881, p. 360.

Fig. 42. — La récolte des dattes à Ceylan.

son voyage aux Nouvelles-Hébrides, dit en parlant des naturels
de l'île de Tasma : « Rien de plus curieux que la manière dont
on s'y prend dans cet archipel pour monter sur les cocotiers.

« A Ceylan et en Nouvelle-Calédonie nous avions vu des indigènes grimper fort lestement jusqu'à la cime des arbres en
prenant un point d'appui sur le tronc le plus lisse avec leurs
pieds réunis au moyen d'une liane ou de quelques feuilles tor-
dues (fig. 42).

« Le Canaque de Tasma ne grimpait pas : il marchait littéralement sur un plan vertical, appliquant ses mains l'une au-dessus
de l'autre sur la face postérieure de l'arbre et tenant son corps
fortement écarté et arqué par la tension des bras et des jambes
et n'appuyant que la pointe des pieds . »

CHAPITRE XXIII

LES HOMMES-MOUCHES

L'homme-mouche. — Le tire-pavé. — Les appareils rotatifs. — Une illusion
d'optique. — Un saut périlleux mécanique. — Un accident.

Les hommes-mouches. — Souvent les gymnastes traversent une
certaine distance au haut du théâtre en plaçant alternativement
leurs pieds dans des anneaux de corde, marchant ainsi pour
ainsi dire sur le dos du pied, au lieu de marcher sur la plante
de celui-ci.

Cet exercice se rapproche de ceux exécutés il y a une trentaine
d'années par l'*homme-mouche.*

A en croire les affiches, cet acrobate marchait sur les mu-
railles, les surfaces perpendiculaires, les plafonds, avec la même
sécurité que les mouches et insectes jouissant de cette même
propriété : de là le surnom qu'il s'était donné. En réalité, cet
homme traversait la scène du théâtre dans lequel il s'exhibait,
ses pieds appuyés au plafond, la tête en bas, le corps suspendu
dans le vide, et dans cette position exécutait divers exercices tels
que manger, boire, fumer, faire preuve en somme d'autant
d'aisance ou de sécurité que s'il avait été dans la position verticale inverse, la position naturelle. Mais lorsqu'il se déplaçait,
quand il traversait le théâtre suivant sa largeur, ses pieds glissaient alternativement l'un après l'autre, mais sans quitter la
surface du plafond. Puis il disparaissait un instant dans la
coulisse et traversait de nouveau le plafond du théâtre dans
l'autre sens. On a donné aux exercices de cet homme beaucoup

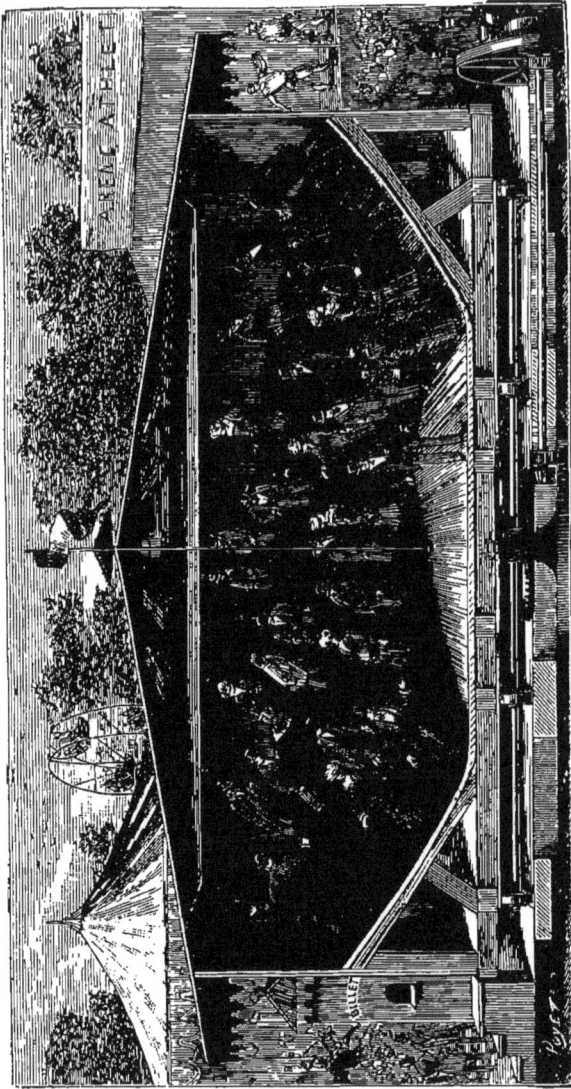

Fig. 43. — Projet d'un appareil récréatif à force centrifuge (coupe).

plus d'importance scientifique qu'ils n'en avaient réellement.

Des savants lui ont même attribué l'invention d'un appareil pneumatique, une sorte de ventouse placée sous ses pieds, faisant le vide à chacun de ses pas et fixant le pied de l'acrobate à la muraille ou à la surface sur laquelle il se posait par l'effet de la pression atmosphérique. On peut trouver cette explication dans un certain nombre de traités de physique auprès de la description du lève-pavé formé, comme l'on sait, d'un rond de cuir traversé par une ficelle que l'on applique, une fois mouillé, sur la surface lisse d'un caillou ; en l'y pressant fortement, son adhérence est telle que presque toujours on peut par son intermédiaire soulever le pavé.

L'appareil de « l'homme-mouche » aurait donc été basé sur le même principe que le lève-pavé.

En réalité, cet appareil était beaucoup moins ingénieux et moins compliqué; il se composait simplement de deux planchettes auxquelles l'acrobate avait les pieds fixés et qui glissaient dans une rainure. Le vide laissé à chaque pas derrière ces planchettes était immédiatement comblé par une simple coulisse poussée par un aide.

Divers autres systèmes ont été employés pour permettre à l'homme de rester quelques instants le corps horizontal ou vertical, la tête en bas.

Ainsi, d'après les descriptions que nous ont laissées les auteurs grecs (notamment Xénophon) des curieux exercices exécutés par les acrobates de cette époque à l'aide d'un appareil rotatif, on peut se représenter celui-ci de la façon suivante : que l'on suppose une grande roue creuse analogue au trade-mill dans lequel en Angleterre on oblige à marcher pendant plusieurs heures les prisonniers qui ont encouru une punition; ou encore ces roues dans lesquelles des hommes marchent pour faire agir un treuil qui soulève des fardeaux; ou que l'on s'imagine en grand la roue d'une cage à écureuil; seulement dans l'appareil grec c'était la roue qui tournait avec une grande rapidité et qui entraînait les individus placés à l'intérieur dans son mouvement circulaire. Ceux-ci se trouvaient fixés par la force centrifuge contre le plancher interné de cette roue, dont le mouvement était assez rapide pour rendre insensible l'action de la pesanteur.

Les acrobates placés dans l'appareil passaient donc successivement de la position verticale naturelle à la position horizontale, puis avaient la tête en bas; celle-ci du reste était toujours tournée vers le centre de la roue, et dans ce mouvement de rotation vertigineux, ils pouvaient se livrer à des exercices mimiques variés, boire, manger, jouer, lire et écrire, simuler diverses actions; semblant avoir l'aisance et la sécurité qu'ils auraient eues s'ils étaient restés dans la position verticale.

Un inventeur, M. E. Joyeux, a proposé la construction d'un appareil rotatif présentant quelque analogie avec l'appareil employé par les acrobates grecs.

Si une vaste salle telle que celle représentée dans la figure était, par un mécanisme approprié, soumise à un mouvement de rotation très rapide, les personnes s'avançant sur le plancher incliné de cette salle prendraient une position inclinée qui pourrait aller, par l'effet de la force centrifuge, jusqu'à une inclinaison de 45 degrés (fig. 43).

« Les personnes qui se trouveraient dans cette chambre en rotation, dit M. Joyeux, seraient toutes inclinées pour garder l'équilibre et chacune d'elles verrait, selon nous, son vis-à-vis comme s'il était horizontal par rapport à elle-même : l'illusion serait extraordinaire. »

Les anciens Grecs avaient aussi un instrument servant aux acrobates et se composant d'une roue garnie de barreaux à l'extérieur, que deux ou trois gymnastes faisaient tourner rapidement en lui donnant eux-mêmes l'impulsion et en exécutant alors des tours se rapprochant des exercices que l'on fait de nos jours sur la barre fixe.

On connaît un appareil de physique consistant en un petit wagon posé sur des rails disposés de façon à former un plan très incliné ; ces rails, à leur partie la plus basse, font une sorte

d'anneau, une sorte de boucle verticale, puis continuent horizontalement.

Le petit wagon placé sur la partie la plus élevée de la rampe
descend celle-ci avec une rapidité croissante, et, grâce à la force
d'impulsion qu'il a acquise, il remonte la courbure de l'anneau,
le franchit complètement et continue sa marche de l'autre côté.

Un acrobate avait installé il y a quelques années un appareil
reposant sur le même principe, seulement de dimensions plus
considérables, puisque au lieu d'un petit wagon c'était lui-même
qui, debout sur un chariot, se laissait entraîner sur la pente,
franchissait l'anneau formé par les rails de son appareil, et
continuait sa marche de l'autre côté après avoir fait mécaniquement un véritable saut périlleux. Cet exercice présentait un danger si réel qu'à la troisième représentation qu'il donnait à Paris
ce gymnaste fit une chute et se brisa la colonne vertébrale.

CHAPITRE XXIV

LA VOLTIGE. — COMMENT ON DEVIENT GYMNASTE

Le trapèze aérien. — L'art de monter et de descendre le long d'une corde. La vocation d'un collégien. — La répétition. — Comment on devient gymnaste.

On voit très fréquemment, dans les cirques et les théâtres de curiosités, des gymnastes exécutant des tours de voltige dénotant une très grande audace en même temps qu'une force, un sang-froid et une précision tout à fait remarquables.

Outre les exercices du trapèze qui sont toujours à peu près les mêmes, qu'ils soient faits sur un appareil à hauteur d'homme ou au faîte du théâtre, la plupart de ces acrobates, se balançant ou prenant leur élan sur un trapèze, se lancent tout à coup dans le vide, et vont à une distance relativement énorme de leur point de départ, saisir soit un autre appareil, soit les mains d'un camarade suspendu par les pieds ou par les jarrets. Ces exercices ne diffèrent guère que par l'éloignement entre le point de départ et le point d'arrivée du gymnaste.

Parmi les individus qui ont su se faire une réputation dans ces exercices, on peut citer l'étonnante petite acrobate miss Alcide Capitaine, qui n'était âgée que d'une dizaine d'années et qui fut exhibée au Cirque d'Hiver et au théâtre des Folies-Bergère, le gymnaste Cee-Mee et les deux jeunes filles dont l'une est négresse, qui sous le nom des deux Papillons ont été exhibées à l'Hippodrome et dans différents cirques.

La manière dont les gymnastes atteignent leurs appareils

placés à une grande élévation est à remarquer : les uns se contentent de placer leurs pieds dans la boucle d'une corde passant sur une poulie fixée au faîte de l'édifice, et tirée de l'autre côté par des machinistes ; ce moyen d'ascension est naturellement fort peu fatigant.

D'autres, plaçant la boucle soit à leurs pieds, soit à leur cou, ou bien prenant avec leurs dents une plaque de cuir fixée à cette corde, saisissent eux-mêmes l'autre extrémité et s'enlèvent avec une facilité qui provoque parfois les applaudissements du public, bien qu'il n'y ait dans ce système d'ascension aucun effort musculaire ni aucune difficulté vaincue, car on sait qu'en vertu d'un principe de mécanique qu'il serait trop long de démontrer ici, l'effort à faire pour soulever le corps dans ces conditions n'est que de la moitié du poids de celui-ci.

On voit quelquefois des enfants s'élever de cette façon jusqu'à la hauteur d'une branche d'arbre par-dessus laquelle ils ont jeté une corde ; ils s'asseoient sur un bâton attaché transversalement à l'une des extrémités de cette corde et tirent de l'autre côté, ils s'enlèvent ainsi avec une facilité qui étonne tous ceux qui se livrent à cet exercice pour la première fois.

Un autre mode d'ascension plus brillant consiste à saisir la corde entre les mains et les pieds, et à grimper ainsi en prenant alternativement un point d'appui avec les uns ou avec les autres.

Enfin les véritables gymnastes ne grimpent qu'en se servant des mains, portant alternativement l'une au-dessus de l'autre et élevant le poids du corps à chaque fois par une seule flexion du bras, opérant ainsi avec cet organe un effort variant de 60 à 70 kilos, et cela répété dix, quinze, vingt fois de suite, jusqu'à ce que le gymnaste soit arrivé à la hauteur de son trapèze.

On se rappelle que Rabelais, parlant de l'éducation de Gargantua et la représentant en somme comme type de celle qui devait être donnée à un jeune gentilhomme, disait : « On lui attachait un câble en quelque haute tour pendant en terre : par icelui avec deux mains montoit, puis dévalloit si roidement et si asseurément, que plus ne pourriez parmi un pré bien égalé. On

lùi mettoit une grosse perche appuyée à deux arbres, à icelle se
pendoit par les mains, et d'icelle alloit et venoit sans des pieds
à rien toucher, qu'à grande course on ne l'eust pu aconcevoir. »

Quelques-uns de ces acrobates descendent d'une façon très
gracieuse des hauteurs où ils ont exécuté leurs tours ; ce moyen
est ordinairement employé par des jeunes femmes gymnastes.

Une de leurs jambes enroulée autour de la corde, celle-ci

Fig. 44. — Exercice d'une gymnaste au cirque Franconi.

tendue par des aides, le corps penché en arrière, elles se laissent
glisser lentement en prenant de jolies poses, accélérant ou retar-
dant leur descente en variant la pression de leurs muscles
contre la corde (fig. 44).

Comment on devient gymnaste. — Presque tous les enfants ont
une grande admiration pour les exercices du corps, et après
avoir assisté à une représentation d'un cirque ou d'une loge

de saltimbanque, après avoir vu les exercices merveilleux des
gymnastes et des acrobates, après avoir entendu les applaudissements frénétiques de l'assistance, il n'est guère d'enfant qui
n'ait tout à coup senti s'éveiller en lui l'ambition d'atteindre à
cette gloire, d'être un jour revêtu d'un beau maillot de soie,
d'une belle casaque de velours ornée d'or et d'argent, qui n'ait
aspiré à faire frémir le public par des exercices merveilleux de
force et d'agilité et qui n'ait par avance senti se gonfler son
cœur sous les bravos des spectateurs.

La vocation d'être écuyer, gymnaste, saltimbanque, est innée
dans le cœur de la plupart des collégiens. Nous nous rappelons
qu'un jour à la suite d'une représentation spéciale donnée aux
élèves d'un collège de province, par un cirque de passage, douze
des plus enthousiastes passèrent, la nuit, par dessus le mur
d'enceinte du collège et, le matin à la première heure, vinrent
se jeter aux genoux du directeur du cirque en le suppliant de
vouloir bien les engager dans sa troupe.

Celui-ci eut la barbarie d'envoyer prévenir le directeur du
collège, qui vint bientôt, accompagné de deux garçons de salle,
faire réintégrer dans le collège les aspirants acrobates.

L'un d'eux cependant persista, séduit par les merveilleux
exercices qu'une jeune fille équilibriste exécutait sur un trapèze
à 20 mètres de hauteur, il s'échappa de nouveau et rejoignit le
cirque qui se rendait dans une autre ville. Mais dès le lendemain il avait la honte d'être ramené de brigade en brigade par
deux gendarmes qui le reconduisirent chez ses parents, et les
voisines s'attiraient aux portes pour voir passer le prisonnier,
auquel elles attribuaient généreusement les crimes les plus
épouvantables.

Ce fut la fin de la carrière acrobatique du jeune collégien, qui
aujourd'hui, exerçant de graves fonctions, paraît songer encore
quelquefois à sa vocation manquée.

Ce serait un tort de croire que les jeunes gymnastes se re-
crutent dans les collèges et lycées : en général, cette carrière est
héréditaire, et ce n'est que par rares exceptions que de jeunes

apprentis en rupture d'atelier, faisant preuve dé dispositions acrobatiques remarquables, atteignent la gloire de s'exhiber en public.

Les exercices auxquels on soumet les jeunes gymnastes n'ont
pas généralement ce caractère de brutalité qu'on s'est plu à leur
attribuer. Quand il s'agit d'exécuter un tour nouveau, une
heure de répétition le matin, une heure l'après-midi, est la durée
maximum du travail qu'on leur impose.

Les patrons ou les parents des apprentis acrobates savent
parfaitement qu'il faut éviter à ceux-ci une fatigue extrême ;
sitôt que les muscles agissent avec plus de lenteur, que les articulations se raidissent, le patron fait cesser les exercices.
Quant à la sécurité, elle est beaucoup plus grande pour l'élève
acrobate que pour le lycéen dans le gymnase de l'établissement.

Les précautions prises pour éviter les chutes, les meurtris-
sures, les secousses trop vives, sont observées plus rigoureusement pour les premiers que pour les seconds.

Aux répétitions, dans tous les exercices présentant quelque
danger, le jeune acrobate est muni d'une ceinture ayant deux
anneaux auxquels sont attachées des cordes passant sur une
poulie et tenues à l'autre extrémité par deux aides ; la sécurité de
l'enfant est donc complète, et cela est nécessaire pour lui inspi-
rer l'audace et l'énergie que nécessitent certains tours de voltige.

Aux représentations, on sait qu'un filet tendu sous l'acrobate
supprime complètement le danger des chutes.

On voit que les jeunes acrobates qu'on s'est plu à représenter
comme de petits martyrs, et qu'une loi spéciale a pris la peine
de protéger, sont beaucoup moins malheureux que les petits
abandonnés qui courent les rues, que les apprentis dans les
manufactures ou que les enfants dans certaines écoles.

Il est bien plus facile de devenir acrobate émérite que d'être
reçu bachelier.

Quant au résultat pécuniaire, rappelons seulement que la
jeune Alcide Capitaine, dont nous avons parlé plus haut, avait
des appointements égaux à ceux d'un premier rôle dans un
théâtre parisien.

LES ÉQUILIBRISTES

CHAPITRE XXV

LES DANSEURS DE CORDE

Les danseurs de corde célèbres. — La traversée du Niagara. — Blondin. — La traversée de la Seine. — Le nègre Malcom. — La théorie de la danse de corde. — Le balancier.

Les danseurs de corde ont leur histoire, et on peut dire une histoire glorieuse. Les Grecs étaient passionnés pour ce genre d'exercice et classaient ceux qui s'y livraient suivant leur spécialité en *Neurobates, Oribates, Acrobates, Stænobates*. Blondin eût été un *Stænobate*, un marcheur de corde. Une médaille antique nous représente des équilibristes montant au sommet d'une tour sur une corde inclinée. Les Romains avaient des danseurs de corde; plusieurs Pères de l'Église ont récriminé contre le danger de ces exercices; saint Jean Chrysostome, entre autres, parle des danses « exécutées sur des cordes inclinées tendues à des hauteurs inouïes ».

Une peinture encore visible sur un des murs d'Herculanum représente un équilibriste exécutant neuf exercices caractéristiques différents. Dans l'un d'eux, notamment, il danse sur la corde en jouant d'une double flûte.

Les Romains aimaient d'une façon particulière les ascensions

sur la corde inclinée ; quelquefois celle-ci atteignait le sommet
de monuments très élevés. Sur cette corde des acrobates jouaient
de véritables pantomimes ayant le plus souvent un caractère
guerrier, simulant l'attaque d'une place forte, sa défense, des
combats, des épisodes de lutte au poignard et à l'épée, mimant
les faits et gestes de divers personnages de l'armée, etc. Dans
l'une de ces pantomimes militaires, on vit même dans l'amphi-
théâtre de Rome un éléphant faire l'ascension de la corde raide
en portant sur son dos un cavalier.

Plus tard, Christine de Pisan raconte l'histoire d'un acrobate
qui « tendait des cordes bien menues venant depuis les tours
Notre-Dame de Paris jusqu'au Palais et plus loin ; et par-dessus
ces cordes, en l'air sautait et faisait des jeux d'appertise ». Un
jour le pied lui manqua et il se broya sur le sol.

Sous Charles VI, pour saluer l'arrivée de la reine, un acrobate génois portant dans chaque main une torche allumée descendit sur une corde tendue entre le sommet des tours Notre-
Dame et une maison du pont au Change. A Londres, un exercice
analogue eut lieu en 1547, la corde descendait des créneaux de
la cathédrale Saint-Paul.

Sous Louis XII, un acrobate nommé Georges Menustre, à
l'occasion du passage du roi à Mâcon, exécuta plusieurs exercices sur une corde tendue entre la grande tour du château et
le clocher des Jacobins, à « 26 toises de hauteur ».

A Milan, une expérience analogue eut lieu devant les ambas-
sadeurs français. Venise avait ses danseurs de corde attitrés, qui
tous les ans, le jour de la Saint-Marc, exécutaient des tours à
une grande élévation en présence du Doge et du Sénat.

En 1649 la traversée de la Seine fut exécutée sur une corde
placée entre la tour de Nesles et la tour du Grand-Prévost, c'est-
à-dire à peu près en face de l'emplacement où est actuellement
la Monnaie. Les exercices furent interrompus par la chute du
saltimbanque dans la Seine. « Heureusement, dit un chroni-
queur, qu'il s'était mis au-dessus de l'eau. »

Vers la fin du dix-septième siècle, à la foire de Saint-Germain, un Turc descendait d'un échafaudage très élevé sur une corde tendue. Il exécuta plusieurs fois cet exercice ; un jour, à la foire de Troyes, un Anglais, un concurrent, graissa une partie de cette corde ; le Turc, qui marchait à ce moment à reculons, glissa, et dans sa chute se brisa la tête.

A en croire certains écrivains du dix-huitième siècle, les acrobates de la foire Saint-Laurent ne le cédaient en rien à leurs prédécesseurs. Ils citent notamment un certain Antoni qui dansait sur la corde avec des chaînes aux mains et aux pieds comme un galérien. Un autre exécutait ses tours chaussé de gros sabots.

Un contemporain parle avec enthousiasme d'une jeune fille nommée Violente, qui, dit-il, « dansait la Folie d'Espagne sur une planche de huit pouces de large, simplement posée sur la corde, et faisait d'autres tours surprenants avec beaucoup de grâce, de hardiesse et de justesse. »

D'autres acrobates se montrèrent vêtus de lourdes armures de fer, des troupes de funambules jouèrent des pièces et exécutèrent des tours divers, sur la corde placée quelquefois à de grandes hauteurs.

Au commencement du siècle, une célèbre équilibriste, madame Saqui, étonna le public par sa légèreté et son adresse extraordinaires ; sa spécialité était les pièces militaires. Elle exécutait ces sortes de pantomimes, seule sur un fil placé à 20 mètres de hauteur, avec accompagnements de fusées, de pluies d'étincelles, de feux de Bengale. Napoléon Ier lui décerna le titre de « premier acrobate de France ». Elle a parcouru l'Europe et a donné sa dernière représentation en 1861, à l'Hippodrome.

Signalons encore une jeune personne, fille d'une danseuse de corde célèbre, « la Malaga » qui, en 1814, en l'honneur des souverains alliés, exécuta une ascension à Versailles sur un câble placé à 200 pieds au-dessus de la pièce d'eau des Suisses.

Il y a une quinzaine d'années, une troupe de danseurs de corde parcourait la province et exécutait également des exercices à 20 ou 30 mètres du sol.

Toute la génération actuelle a entendu parler de l'équilibriste Blondin, et de ses traversées des chutes du Niagara, exécutées à différents intervalles vers 1860.

Blondin était Français et se nommait, paraît-il, Émile Gravelet ; il a su, sous son nom de guerre, acquérir une réputation universelle. Son câble était tendu entre les deux branches du fer à cheval de la cataracte, parallèlement aux chutes, au-dessus de l'eau bouillonnante qu'elles produisent, à une élévation d'environ 60 mètres. Dans les exercices qu'il fit à plusieurs reprises, il passa d'abord seul, une autre fois il fit le même trajet en portant un Anglais sur ses épaules. Un autre jour, il passa sur sa corde, en poussant devant lui une brouette dans laquelle se trouvait un individu. — Alors qu'il passait seul, il s'arrêtait au milieu de sa course, descendait une ficelle et d'un steamer naviguant au-dessous remontait une table, une chaise, des comestibles, une bouteille de vin et s'installait pour manger en équilibre à 60 mètres de hauteur. Un de ses exercices qui eut le plus de succès fut celui qui consista à monter du navire un fourneau allumé, une poêle et des œufs, à faire une omelette en équilibre sur sa corde, et à la manger.

Du reste, les exercices de Blondin eurent une immense vogue en Amérique : Blondin fut l'homme du jour, ses traversées réunissaient, dit-on, cent mille spectateurs accourus de tous les États de l'Union.

Actuellement en France, tout équilibriste qui se respecte accole à son nom celui de l'illustre acrobate ; Blondin est le saint patron des danseurs de corde, mais aucun de ses disciples ne l'a jusqu'ici ni égalé ni même approché.

En 1882 un acrobate, prenant naturellement le nom de Blondin (Arsens), a traversé la Seine sur un câble de fer tendu d'une rive à l'autre ; l'expérience a eu lieu entre le Cours de la Reine et le quai d'Orsay. Ce câble, formé de torons de fil de fer galvanisé, avait environ 5 centimètres de diamètre ; il était soutenu à ses deux extrémités par un échafaudage formé d'une sapine maintenue par des arc-boutants, sur laquelle se trouvait une petite plate-forme, une sorte de hune destinée à recevoir l'équilibriste au bout de sa course.

Il était tendu par un puissant cordage de chanvre passant sur un système de moufles et venant s'enrouler sur un treuil. D'après ses dimensions, le câble de fer était théoriquement capable de résister à une traction approchant de 50,000 kilog. — De plus, sur toute sa longueur, il était maintenu dans une immobilité complète au moyen de cordages qui, espacés de 2 mètres en 2 mètres environ, partaient du câble et venaient se fixer à des chalands ancrés dans le fleuve (pl. II).

La hauteur du câble au-dessus de l'eau était de 12 à 15 mètres et non de 36 mètres, comme le disait l'affiche ; sa longueur entre les deux échafaudages extrêmes atteignait environ 150 mètres.

Les exercices de l'équilibriste ont consisté en ceci :

1° Il a traversé d'une rive à l'autre, d'un pas rapide, presque en courant et avec l'aide d'un balancier. Cette traversée a duré deux minutes. C'est à peu près le temps qu'eût demandé le parcours de cette distance à un homme marchant très vite sur la terre ferme ;

2° Marchant à reculons, il est arrivé au quart environ de la longueur du câble, s'est assis, a salué, s'est étendu, puis est revenu lentement à son point de départ ;

3°. Il a traversé la Seine, la tête couverte d'une étoffe noire, une sorte de cagoule laissant passer les bras ;

4° Ensuite, muni d'un balancier semblant très lourd et présentant cette particularité d'être formé de deux parties reliées entre elles par une forte barre de fer recourbée en forme d'anse, ou plutôt de pince à feu, il a mis cette courbure à cheval sur son câble et, posant un pied sur chaque côté du balancier, celui-ci se trouvant ainsi au-dessous du câble, il a joué du cornet à piston pendant quelques minutes ;

Enfin, dans un dernier exercice, il s'est assis en équilibre sur une chaise qu'il a ensuite laissé tomber dans le fleuve.

Notre gravure (planche II) représente le premier exercice exécuté par l'équilibriste, et donne une juste idée de l'affluence considérable de spectateurs qu'il a attirés.

Sur le premier plan du dessin, on voit deux individus tout habillés qui sont plongés dans l'eau ; l'un est couvert d'un parapluie et l'autre lit tranquillement son journal ; ce sont deux membres facétieux de la société des sauveteurs de la Seine qui ont voulu montrer l'efficacité de leurs ceintures de sauvetage, et qui ont recueilli par leur prouesse nautique de justes applaudissements.

Tous les exercices exécutés par M. Arsens Blondin l'ont été à l'aide d'un balancier.

Au point de vue physique, cet équilibriste est un jeune homme d'une trentaine d'années, petit de taille, semblant souple et bien musclé.

Remarquons en passant que M. Arsens Blondin, en empruntant le nom du légendaire équilibriste, en a emprunté le *puffisme*. Ses affiches et programmes portaient en effet : passage de la Seine sur un fil de fer ; un pari de 10,000 francs est engagé ; transport d'un amateur ; des dessins le représentaient circulant sur son fil en vélocipède ou poussant une brouette, photographiant le public, etc. Quoi qu'il en soit, le passage de la Seine sur un câble rentre dans la catégorie des spectacles rares et curieux, et mérite d'être signalé. Toutefois, si ce spectacle n'est pas plus fréquent, ce n'est pas tout à fait la faute des acrobates : depuis le commencement du siècle, un certain nombre d'entre eux ont demandé l'autorisation de faire cette traversée, la Préfecture de police la leur a toujours refusée.

On se rappelle qu'à Sedan, en 1883, un équilibriste nègre, M. Malcom, a traversé plusieurs fois la Meuse sur un câble tendu à 30 mètres de hauteur, exécutant tous les exercices qui sont de tradition dans les tours de ce genre.

Un jour, dans une de ses représentations, l'un des poteaux supportant son câble s'abattit par suite de la rupture d'une corde et vint tomber sur les spectateurs, tuant une jeune fille et blessant plusieurs autres personnes. Le malheureux équilibriste, qui en ce moment traversait son câble les pieds et les mains attachés par des chaînes de fer ne lui permettant qu'un très léger mou-

BLONDIN TRAVERSANT LA SEINE A PARIS, SUR UNE CORDE RAIDE.

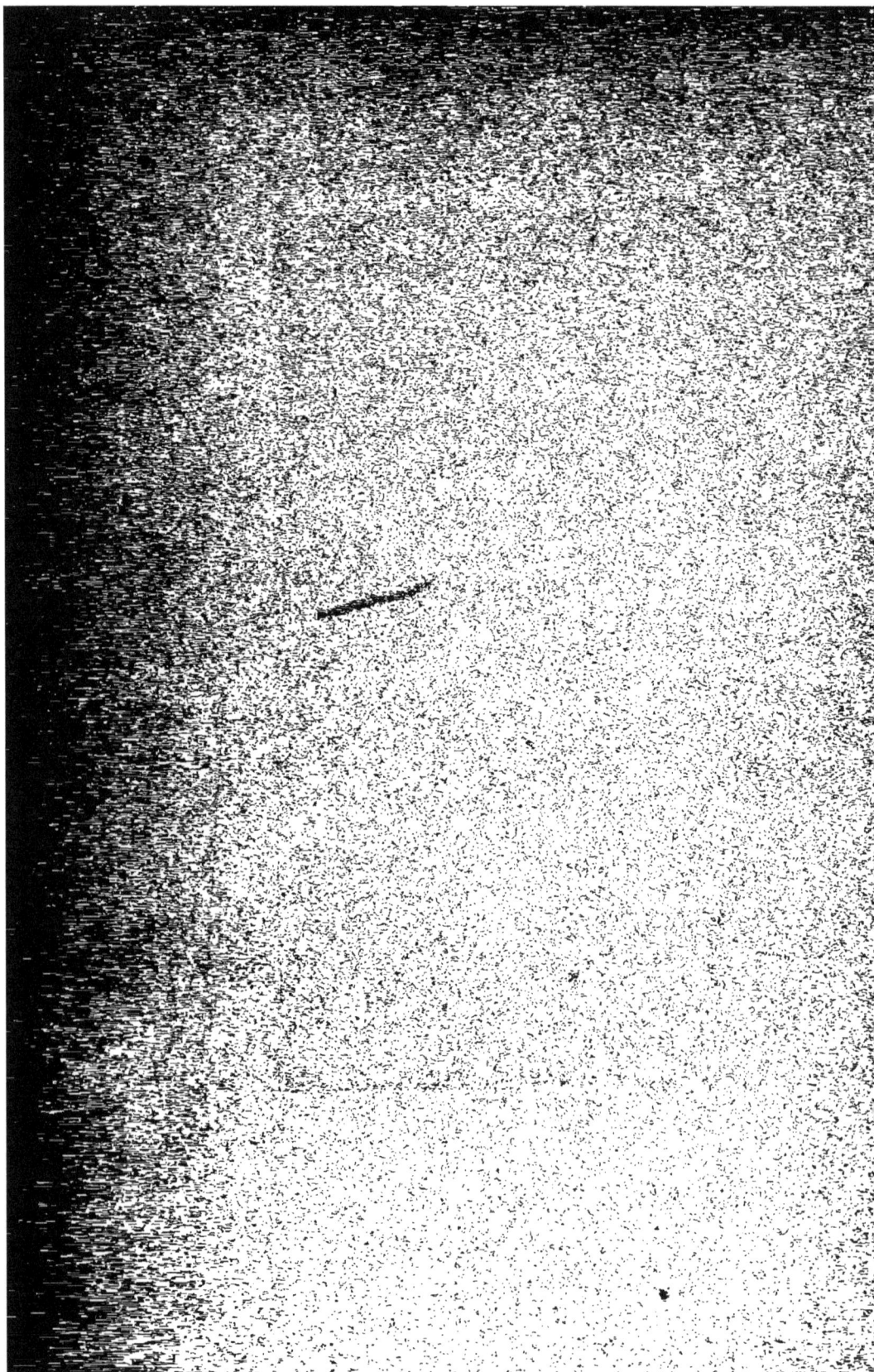

vement, fut précipité dans le fleuve ; malgré cette énorme chute
il conserva son sang-froid, brisa ses liens, regagna la rive à la
nage et vint porter secours aux victimes d'un fatal accident.

Les exercices des équilibristes intéressent en général vivement le public et cela en raison de la difficulté vaincue, du danger couru, et de cette supériorité physique qu'ont les gymnasiarques sur tous ceux que le manque d'exercice retient attachés
au sol.

De plus, les équilibristes ne paraissent pas soumis comme tout
le monde aux lois de la pesanteur. Ils résolvent, en effet, pratiquement un curieux problème de mécanique, qui constitue ce
qu'on pourrait appeler la *théorie de la danse de corde*. L'équilibriste sur sa corde est à l'état d'équilibre instable, c'est-à-dire que
sa base de sustentation étant très étroite dans le sens latéral, et
son centre de gravité se trouvant placé au-dessus (à peu près au
niveau du creux de l'estomac), ce centre de gravité tend constamment à se déplacer. Or le moindre déplacement amène une
décomposition de force : la pesanteur agissant verticalement se
décompose en deux autres forces faisant entre elles un angle
droit dont le sommet est au centre de gravité. L'une suit l'axe
du corps ; l'autre tend à faire pivoter celui-ci autour de la base
de sustentation ; elle est d'autant plus grande que l'axe du corps
est plus incliné. C'est cette force qui tend à faire tomber l'équilibriste, or le talent de celui-ci consiste à ne jamais laisser prendre à cette force une puissance supérieure à celles dont il dispose
pour la détruire. Ces dernières consistent dans l'*inertie*, quand
l'acrobate se sert pour se maintenir en équilibre du balancier ou
du mouvement des bras, ou bien de la résistance de l'air quand
il emploie des drapeaux.

Le balancier est généralement une barre de bois, d'une grosseur permettant facilement de la saisir, et d'une longueur de
4 ou 5 mètres. Ses deux extrémités sont chargées d'une masse
de plomb ou de fonte ; son poids total ne dépasse pas 10 à 15 kilogrammes pour les danseurs de corde. Mais les marcheurs sur
la corde, qui opèrent à de grandes hauteurs et ont besoin d'une

GUYOT-DAUBÈS.   14

sécurité plus complète, emploient des balanciers très lourds,
atteignant 30 ou même 40 kilogrammes. L'équilibriste incline
son balancier à droite ou à gauche, suivant qu'il se sent entraîné d'un côté ou de l'autre, et il sait par expérience propor-
tionner son déplacement à la résistance qui lui est nécessaire
pour contrebalancer la force qui l'entraîne de ce côté.

Un balancier offrira d'autant plus de sécurité qu'il sera plus
long, plus lourd, et que son poids sera plus près de ses extrémités.

Blondin (le vrai) disait que le secret de son adresse était dans
la force de ses biceps qui lui permettaient de se servir d'un
balancier très lourd.

Les équilibristes qui n'emploient pas de balancier se servent
de leurs bras dans le même but, mais leur sécurité est beaucoup
moins grande, par suite du peu de poids de ces organes. Ils sont
donc obligés d'y remédier par une plus grande vitesse et une
plus grande amplitude de mouvements.

D'autres acrobates contrebalancent la force qui tend à les
entraîner, au moyen de la résistance de l'air, par exemple, en
agitant des drapeaux. Les jongleurs chinois et japonais emploient dans le même but de larges éventails qui leur servent
de prétexte à des poses et à des mouvements gracieux.

CHAPITRE XXVI

LES PYRAMIDES HUMAINES

Équilibristes sur le trapèze et la corde lâche. — Le perchoir. — Un déjeuner
en tête à tête. — Les pyramides humaines. — Les concours de Venise. —
Belzoni. — Un échafaudage humain.

Les équilibristes se sont ingéniés à perfectionner leur art, et
non contents de se tenir sans appui sur la corde raide, ils sont
parvenus à vaincre de nouvelles difficultés et à se tenir sur des
supports aussi instables que la barre d'un trapèze ou une corde
lâche flottant dans l'espace.

Alors que l'apprenti gymnaste se trouve bien peu en sûreté
assis sur la barre du trapèze, en tenant solidement à deux mains
les cordes de chaque côté, l'équilibriste, les bras étendus ou
croisés, monte sur cette barre, s'y agenouille, ramasse avec ses
dents un mouchoir qu'il y a placé, se balance, monte sur les
barreaux d'une chaise ou d'une échelle, etc., et cela sans que ses
mains touchent les cordes.

Se tenir en équilibre et marcher sur une corde lâche ou sur
un fil de fer semblerait très facile, à en juger par l'aisance
qu'apportent certains acrobates dans cet exercice.

Ce tour est exécuté d'ordinaire par de jeunes filles. Sur ce
frêle support l'acrobate se couche, se relève, marche, ramasse
un foulard, jongle avec des boules, des poignards, etc., et cela
sans balancier, se maintenant en équilibre par le seul mouvement des bras (fig. 45).

Les acrobates indous excellent dans ces exercices d'équilibre:

un de leurs tours les plus remarquables est la danse sur *la corde
lâche*.

Le danseur s'avance pieds nus sur cette corde, armé d'un long
balancier et portant sur la tête une *pyramide de pots de terre;*
parvenu au centre, il imprime à la corde une vive oscillation et
continue à se tenir en équilibre, le corps suivant l'écart de la
corde, mais la tête demeurant parfaitement immobile.

Fig. 45. — Jongleuse sur un fil de fer.

Un voyageur rapporte avoir vu en Chine un acrobate marchant
et exécutant divers exercices sur une corde lâche, mais avec cette
complication que ses pieds étaient munis de cornes de buffles
dont il se servait comme d'échasses en marchant *sur les pointes.*

D'autres équilibristes ne prennent comme support qu'une tige
de bois maintenue verticale, sur laquelle ils exécutent divers

tours de dislocation et d'adresse, restant toujours en équilibre sur cette étroite barre. C'est le même appareil qui, employé par les acrobates grecs, avait, en raison de sa forme, reçu le nom de πέταυρον, perchoir à volailles.

Des acrobates même se placent sur ce perchoir en équilibre sur le sommet de la tête, et dans cette position, leurs jambes en

Fig. 46. — Equilibriste la tête en bas.

l'air formant balancier, ils ont les bras libres, et ils mangent, boivent, fument, tirent des coups de révolver ou tournent sur eux-mêmes en pivotant sur leur crâne (fig. 46).

L'un d'eux à l'Hippodrome, il y a quelques années, restait *sept minutes* dans cette étrange position.

Deux clowns au cirque Franconi avaient perfectionné cet exercice, et c'était sur la tête de l'un, que l'autre restait en équilibre sur la sienne, et tous les deux mangeaient et buvaient dans une position qui devait être aussi gênante pour l'un que pour l'autre. Le programme qualifiait ce tour de : « Un déjeuner en tête à tête. »

Un autre acrobate, qui s'est montré dans plusieurs cirques et théâtres de curiosités en 1885, se tenait la tête placée sur la barre mobile d'un trapèze et là exécutait la plupart des tours que nous venons de voir ; mais de plus, il imprimait un violent mouvement d'oscillation au trapèze et, malgré le balancement de celui-ci, se servant de ses jambes comme balancier, il se maintenait en équilibre et continuait ses exercices. Cet acrobate présentait en outre cette particularité d'être très gros relativement à ses confrères qui sont en général maigres ou tout au moins exempts d'embonpoint.

On voit souvent des clowns exécuter avec des échelles ou des pyramides de chaises des tours d'équilibre qui au premier abord semblent en contradiction avec les lois de la pesanteur, et qui surtout font penser à l'émotion désagréable qu'on ressent généralement quand par hasard on se trouve au haut d'une échelle mal assujettie qui, semble-t-il, menace de se renverser, ou encore quand on est au sommet d'un de ces édifices composé par exemple d'une table, d'une chaise et d'un tabouret que dans la vie ordinaire on a quelquefois occasion de gravir, pour atteindre le haut d'une bibliothèque, accrocher un tableau, etc.

Les gymnastes qui exécutent des « jeux icariens », grimpant les uns sur les autres, sautant, formant des constructions humaines, dans lesquelles l'un d'eux supporte deux, trois ou quatre autres de ses camarades, en pyramide, font aussi de véritables tours d'équilibre.

Ces exercices étaient fort à la mode au moyen âge, et les acrobates ou même de simples gymnastes amateurs parvenaient à construire des sortes de monuments formés de corps humains. Ce n'était du reste qu'une réminiscence des pyramides humaines dont parle le poète romain Claudian.

Sous la république à Venise il y avait des concours d'architec-

Fig. 47. — Une construction humaine exécutée par des acrobates.

ture humaine à la suite desquels le sénat décernait un prix au groupe de gymnastes qui avaient formé devant lui la pyramide la plus gracieuse ou la plus élevée.

Un de ces édifices merveilleux d'équilibre se trouve représenté dans un tableau de Francesco Guardi au Louvre, dans la grande galerie, représentant une fête à Venise.

A chacun des quatre côtés d'une estrade élevée, se trouvent deux hommes portant une perche tenue horizontalement sur leurs épaules, soit un premier rang de huit hommes supportant quatre perches; sur chacune de celles-ci un individu est debout portant également l'extrémité d'une perche dont l'autre bout est maintenu sur l'épaule d'un camarade, le second rang se compose donc de quatre individus portant deux perches; — sur celle-ci deux acrobates sont debout et supportent un long et mince bâton, et c'est sur ce bâton que deux équilibristes soutiennent à bras tendu un jeune enfant qui agite des drapeaux. — Cette pyramide humaine comportant cinq hauteurs d'hommes, constituée par des acrobates aux costumes brillants, se tenant en équilibre sur de minces bâtons, constitue, autant par sa légèreté que par sa hardiesse, un édifice des plus curieux.

De plus, la vue de ce tableau est propre à donner une idée de l'importance que la république vénitienne attribuait aux exercices du corps, à cette espèce de culte de la force, de l'adresse, de l'élégance, de la beauté des formes qui était encouragée comme elle l'avait été autrefois en Grèce, et qui se manifestait également par la passion qu'apportaient les spectateurs à ces scènes de lutte, de tours de force, de tours de souplesse et d'agilité et aux exercices du corps en général.

Belzoni, avant de se faire connaître par ses voyages et ses explorations des antiquités égyptiennes, avait exhibé dans les grandes villes d'Angleterre une troupe de gymnastes se livrant à la construction d'édifices humains.

Dans les cirques de nos jours on voit quelquefois dix ou quinze clowns se grouper de façon à former une pyramide.

La gravure que nous donnons (fig. 47) représente une sorte

d'échafaudage humain qui était exécuté il y a quelques années
par une troupe d'acrobates qui s'exhibaient au cirque Franconi.
Un ingénieur faisait remarquer qu'on pouvait assimiler cet échafaudage « aux pans de bois qui forment la carcasse de bon
nombre de constructions économiques en torchis de la banlieue. Trois grands poteaux verticaux constitués par quatre personnes superposées sont entretoisés par quatre croix de Saint-
André constituées par quatre jeunes gens dont les pieds et les
mains représentent les assemblages à tenon et à mortaise de la
charpente ordinaire. Cet entretoisement s'oppose au déverse-
ment latéral de l'édifice, le seul dangereux, car dans le sens
d'avant en arrière les pieds des trois hommes de la base forment
une assise suffisante ; les mains des hommes d'un étage soutenant les jarrets des hommes de l'étage supérieur contribuent
aussi à donner de la rigidité aux poteaux verticaux dans le sens
transversal. »

Il est à remarquer que cet édifice humain ne présente une
certaine stabilité que quand il est complètement terminé ; c'est
surtout pendant sa construction que les acrobates qui le constituent doivent faire preuve d'agilité et de précision. Un faux
mouvement pourrait en effet faire s'écrouler l'édifice sur le
point d'être achevé.

LES DISLOQUÉS

CHAPITRE XXVII

LES EXERCICES DES DISLOQUÉS

Les clowns et les spectateurs. — Les exercices des disloqués. — L'homme-serpent. — Manger avec le pied. — Le tonneau. — La boîte de verre. — Les disloqués de l'antiquité. — Les Indous. — Les Chinois.

Chez les personnes ne s'adonnant pas d'une façon continue aux exercices du corps, les articulations finissent par moins bien fonctionner, par devenir rebelles à l'exécution des mouvements qui ne rentrent pas dans la série de ceux qu'elles ont l'habitude d'exécuter journellement.

D'un autre côté, les muscles se refusent à une extension un peu étendue, s'ils en ont perdu l'habitude. Si l'individu qui est dans ces conditions veut exécuter un tour de souplesse, veut ramasser un objet par terre, faire toucher ses bras derrière son dos, aussitôt toutes ses articulations, ses ligaments, ses muscles résistent, protestent et ne cèdent qu'aux dépens d'une douleur ou tout au moins d'une gêne plus ou moins vive.

Mais si ces organes sont sollicités très fréquemment, ils s'accoutument à exécuter des mouvements qui étaient nouveaux pour eux et auxquels ils résistaient tout d'abord ; alors les articulations cèdent peu à peu, les ligaments s'assouplissent, les muscles s'allongent et se développent.

Grâce à cette modification que l'exercice apporte dans nos organes, l'individu le plus raide et le plus ankylosé peut devenir, avec du temps, de la persévérance et du travail, un disloqué ou un clown émérite.

Le corps humain est, en effet, susceptible d'acquérir une souplesse et une élasticité telles que les acrobates, les disloqués, les hommes-serpents semblent posséder des organes différents, avoir des articulations nouvelles comparativement à leurs spectateurs.

Parmi les principaux exercices exécutés par les disloqués de profession, on peut citer :

Faire toucher leur tête à leur dos, à leurs reins ; dans cette dernière position, appliquer leurs mains sur le sol de façon à être complètement plié en deux en arrière ; passer leur tête, toujours étant renversés en arrière, entre leurs jambes : y passer leurs épaules ; se dresser sur leurs mains, placer leurs pieds sous leurs aisselles, sur leurs épaules, sur leur tête ; avancer leurs jambes de façon à ce que les jarrets reposent sur leurs épaules, et marcher dans cette position (fig. 48).

L'acrobate qui mange avec son pied est appuyé sur les mains, le corps et les jambes renversés par dessus la tête ; à son talon est fixée une fourchette, à l'aide de laquelle il saisit des morceaux de pain placés sur une assiette en face de lui, et les porte à sa bouche.

Toute cette première série de tours repose sur la souplesse acquise par les articulations de la colonne vertébrale qui, à l'état ordinaire, fonctionnent bien rarement, et surtout par celles des vertèbres placées au niveau de la base des scapulums, et celles des vertèbres placées au niveau des os du bassin, et à la légère flexion de toutes celles comprises entre ces deux points.

L'articulation de la hanche (coxo-fémorale), suffisamment assouplie, permet aux acrobates d'exécuter les tours suivants :

1° L'écartèlement ; l'acrobate peut placer ses deux membres inférieurs sur une même ligne horizontale, le corps restant dans

Fig. 48. — Exercices divers de dislocation.

la position verticale; il peut par exemple, étant assis sur une table, étendre ses jambes de façon à ce que toute leur partie inférieure soit en contact avec la surface de cette table.

Il peut, dans cette position, faire tourner l'une de ses jambes autour de son corps pris comme centre.

D'autres fois l'acrobate a les deux pieds appuyés sur une chaise, les jambes horizontales et le corps suspendu dans le vide.

Tout le monde a vu de ces clowns qui, étendus horizontalement sur l'ouverture d'un petit tonneau, se plient subitement et disparaissent dans celui-ci; le tonneau étant d'un faible diamètre constitue un véritable tube exigeant que l'acrobate qui y est renfermé soit complètement plié en deux, ait chaque jambe à l'état d'extension, c'est-à-dire étendue, la cuisse et la jambe sur une même ligne.

Or cette extension complète du membre inférieur, alors que le corps est incliné vers ce membre, est très pénible. C'est l'extension de cette articulation du genou et du jarret qui constitue la difficulté de l'exercice d'amateur qui consiste à toucher le sol avec les mains sans plier les jarrets, ou à ramasser dans les mêmes conditions une pièce de monnaie ou une épingle.

Il faut, pour que le clown parvienne à entrer dans son tonneau, que les ligaments des muscles passant sur le jarret s'allongent d'une quantité suffisante.

On peut rapprocher du clown qui disparaît dans un tonneau ces acrobates qui trouvent le moyen de se placer dans une boîte dont la capacité semble être moins considérable que le volume de leur corps.

On a pu voir, il y a quelques années, aux fêtes foraines de Paris, la femme d'un pauvre saltimbanque (le père Papillon) disparaître dans une petite boîte en bois.

Son mari, du reste, pour lui faciliter sa tâche, plaçait le couvercle sur la tête et les épaules qui ressortaient, montait sur ce couvercle, et, à la suite de pressions et de secousses réitérées, parvenait à tasser sa malheureuse femme dans cet étroit espace et à fermer la boîte.

D'autres fois ce tour s'exécute d'une façon plus gracieuse et un peu moins brutale :

Sur une table au milieu du théâtre se trouve une boîte en verre transparent, de 45 à 50 centimètres de côté, portée sur de petits pieds.

L'acrobate, en général une jeune fille, monte dans cette boîte, puis tout à coup, passant une jambe sur sa tête, se pelotonne, se tasse et disparaît dans la boîte que le montreur recouvre de son couvercle ; elle reste ainsi quelques instants, puis, se détendant comme un ressort, elle reparaît aux yeux du public.

On voit quelquefois dans les exercices des familles d'acrobates, de jeunes enfants se rouler en boule et occuper alors si peu de volume qu'ils peuvent être mis dans un mouchoir, ou dans un morceau d'étoffe noué aux quatre coins et serré ; à voir ce petit paquet, qui peut être porté à la main, on se douterait difficilement qu'il renferme un enfant d'une dizaine d'années.

Parmi les différents tours exécutés par les acrobates, les clowns et les disloqués, on peut citer :

Ces clowns qui, se renversant en arrière, ramassent sur le sol un mouchoir avec leurs dents, ou qui prennent de la même façon un verre rempli de vin et le boivent en se relevant lentement, mais sans y porter la main.

Citons aussi une acrobate d'une baraque foraine qui, les pieds sur deux chaises, se renverse en arrière et ramasse entre ses lèvres une pièce de monnaie posée sur le sol.

Dans l'antiquité les disloqués, les acrobates, étaient fort en honneur ; il n'était guère de grands repas à la fin desquels on ne fît venir, en même temps que les chanteuses et les danseuses, des jeunes filles qui exécutaient des tours de souplesse et de dislocation.

Un de leurs tours favoris consistait à marcher sur les mains au milieu d'épées et de poignards plantés dans le sol avec les pointes en l'air, à sauter alternativement sur les mains et sur les pieds tantôt en avant, tantôt en arrière, à faire la roue, à se tenir en équilibre sur une main, à ramasser des pièces de monnaie avec leur bouche, le corps renversé en arrière, et à exécuter en somme tous les exercices de nos plus habiles clowns et acrobates modernes.

Les jongleurs et acrobates indiens ont une réputation de souplesse bien méritée d'après les récits des voyageurs.

Voici notamment les faits que raconte l'un de ceux-ci :

« Nous vîmes des petites filles exécuter des tours d'adresse extraordinaires, sautant sur les mains, se roulant en boule, exécutant avec leurs pieds des tours d'adresse tels que d'enfiler des aiguilles, ramasser de menus objets et semblant plutôt avoir des membres en coton et en caoutchouc qu'en chair et en os. »

Dans toutes les fêtes, à tous les marchés de la Chine et du Japon, on voit des acrobates, des disloqués d'une habileté et d'une souplesse telles, qu'ils rendraient, paraît-il, nos clowns jaloux.

Du reste, dans les pays dont nous venons de parler, l'Inde, la Chine et le Japon, les exercices du corps sont fort en honneur, et ceux qui s'y adonnent par profession parviennent à des résultats de souplesse, d'agilité et de dislocation sur lesquels les récits des voyageurs sont unanimes.

CHAPITRE XXVIII

LA PHYSIOLOGIE DES DISLOQUÉS

Les familles de disloqués. — L'hérédité. — L'émulation. — Le massage. — Les onctions d'huile. — Une école de dislocation.

Il y a des familles de disloqués qui de père en fils, depuis plusieurs générations, s'exhibent en public.

Il est probable que l'hérédité prédispose les enfants issus de ces familles à une souplesse et à une agilité plus grandes qu'on ne pourrait les rencontrer chez un enfant issu d'autres parents. Mais en plus il y a à tenir compte de l'habitude de ces exercices prise dès l'enfance, de l'émulation si vive chez les enfants pour tout ce qui concerne les exercices du corps.

Le jeune enfant désirera dépasser la souplesse de ses aînés, il sera très fier d'exécuter un tour d'adresse que ses parents ne pourront pas faire.

On représente ordinairement les enfants de saltimbanques, soit acrobates, gymnastes ou disloqués, comme de petits martyrs que l'on force à se livrer à ces exercices à l'aide de coups de bâtons ou de coups de fouets. Cela n'est qu'une très rare exception. Il est dans la nature des enfants d'aimer à se livrer aux exercices du corps, l'émulation est chez eux très vive à ce sujet.

On peut voir journellement, dans les écoles, les enfants envier et essayer d'imiter un camarade plus souple et plus agile qu'eux. Si l'un d'eux réussit à faire le chêne piqué, à marcher sur les mains ou à faire la roue, ses camarades ont bien plus d'admiration pour lui que pour le premier élève de la classe.

Les petits acrobates s'exercent souvent par plaisir. Nous avons vu un jour dans un cirque deux enfants de deux familles d'acrobates, réunies par hasard, qui exécutaient des tours beaucoup plus difficiles que ceux qu'on exigeait d'eux, dans l'espoir que le camarade ne pourrait pas les réussir, et tout en les exécutant ils se défiaient et s'insultaient :

« Tiens, fais donc cela..... »

Les enfants exercés dès leur jeune âge à ces tours de dislocation conservent une souplesse qu'il serait bien difficile à un homme adulte d'acquérir.

Cependant dans certaines circonstances l'homme le plus raide, le moins propre aux exercices du corps, peut faire preuve d'une souplesse susceptible de l'étonner à un très haut degré : c'est quand il se trouve entre les mains d'un habile masseur.

Celui-ci, au bout de quelques minutes, lui fait craquer les articulations, parvient à lui faire toucher les deux coudes derrière le dos, à faire se joindre sa tête et ses pieds.

Voici à titre d'exemple la façon pittoresque dont Alexandre Dumas père décrit ses impressions dans une circonstance analogue [1].

C'était à Tiflis, dans un établissement de bains persans :

« C'est à ma sortie de l'étuve de 40 degrés, dit-il, que m'attendaient les baigneurs.

« Ils s'emparèrent de moi au moment où je m'y attendais le moins.

« Je voulus me défendre. — Laissez-vous faire, me cria Finot, ou bien ils vous casseront quelque chose.

« Si j'avais pu savoir ce qu'ils me casseraient, peut-être me serais-je défendu ; mais dans l'ignorance de ce qu'ils pouvaient me casser, je me laissai faire.....

« Mes deux exécuteurs me couchèrent sur un des lits en bois, en ayant soin de me passer un tampon mouillé sous la tête et

---

1. Alexandre Dumas, *Voyage en Circassie*.

me firent allonger les jambes l'une contre l'autre et les bras le long du corps.

« Alors chacun d'eux me prit un bras et commença à m'en faire craquer les articulations.

« Le craquement commença aux épaules et finit aux dernières phalanges des doigts. Puis des bras ils passèrent aux jambes.

« Quand les jambes eurent craqué, ce fut le tour de la nuque, puis des vertèbres du dos, puis des reins.

« Cet exercice, qui semblait devoir amener une dislocation complète, se faisait tout naturellement, non seulement sans douleur, mais même avec une certaine volupté. Mes articulations, qui n'ont jamais dit un mot, semblaient avoir craqué toute leur vie. Il me semblait qu'on aurait pu me plier comme une serviette, et me placer entre les deux planches d'une armoire, et que je ne me serais pas plaint.

« Cette première partie du massage terminée, mes deux baigneurs me retournèrent, et, tandis que l'un me tirait les bras de toute sa force, l'autre se mit à me danser sur le dos, se laissant de temps en temps glisser sur mon râble — ma foi, je ne trouve pas d'autre expression — ses pieds retombaient avec bruit sur la planche.

« Cet homme, qui pouvait peser 120 livres, chose étrange, me paraissait léger comme un papillon. Il remontait sur mon dos, il en descendait, il y remontait, et tout cela formait une chaîne de sensations qui menaient à un incroyable bien-être.

« Je respirais comme je n'avais jamais respiré ; mes muscles, au lieu d'être fatigués, avaient acquis ou semblaient avoir acquis une incroyable énergie : j'aurais parié lever le Caucase à bras tendu.

« Alors mes deux baigneurs se mirent à me claquer, du plat de la main, les reins, les épaules, les flancs, les cuisses, les mollets, etc. J'étais devenu une espèce d'instrument dont ils jouaient un air, et cet air me paraissait bien autrement agréable que tous les airs de *Guillaume Tell* et de *Robert le Diable*.

« J'étais exactement dans l'état de l'homme qui rêve, qui est assez éveillé pour savoir qu'il rêve, mais qui, trouvant son rêve agréable, fait tous ses efforts pour ne pas se réveiller tout à fait. »

Les effets du massage ne sont pas simplement passagers ; la souplesse des muscles et la mobilité des articulations tendent à persister même après le massage, et si l'individu qui a été ainsi assoupli de force sollicite ses muscles, cherche à faire prendre à ses membres les positions extraordinaires qu'il prenait sous les mains des masseurs, il y parviendra peu à peu et pourra, s'il persiste dans ces exercices, conserver la souplesse acquise de cette façon.

Le massage et l'exercice peuvent donc faire d'un individu ordinaire un clown ou un disloqué.

L'influence de ces deux facteurs était connue dans l'antiquité.

Les athlètes étaient soumis à ce moyen d'assouplissement, mais en plus on les frottait d'huile très fréquemment, et on attribuait à cette onction une influence favorable sur le développement de la force de leurs muscles et la souplesse de leurs articulations.

Un vieil auteur français, Lescarbot, disait en parlant des naturels des côtes de Malabar, « qu'ils manient si bien leurs corps qu'ils semblent n'avoir pas d'os. »

Il racontait qu'il était bien difficile d'escarmoucher contre eux, car ils s'approchaient soit en rampant sur le sol ou fuyaient en faisant des bonds et des culbutes qui les rendaient impossibles à atteindre. Ces sauvages parvenaient à ce résultat de souplesse et d'agilité par des moyens artificiels. Dès leur jeune âge on leur étirait les membres, on assouplissait leurs articulations, on massait leurs muscles en enduisant préalablement la peau d'huile de sésame.

L'action du massage et de l'huile peut, d'après certains physiologistes, s'expliquer ainsi :

« Le massage, en comprimant les muscles d'une façon violente et réitérée, agit sur leur circulation sanguine, sur leur nutrition et sur leur développement comme pourrait le faire un exercice violent longtemps répété.

On pourrait dire, en quelque sorte, que c'est l'effort musculaire exercé par le masseur dont bénéficient, avec beaucoup moins de fatigue, les muscles du massé.

Quant à l'influence de l'huile, elle paraît se borner à faciliter le massage, à permettre de le rendre beaucoup plus énergique et prolongé, à faciliter le glissement des doigts du masseur sur la peau sans produire l'irritation de celle-ci.

Mais les simples onctions d'huile faites sur la peau sans être accompagnées du massage semblent ne pouvoir exercer aucune influence favorable.

Il existe dans les environs de la place de la Nation une *École de disloqués*.

Cette école, dirigée par un ancien clown qui, à la suite d'une fracture, est resté avec une jambe déformée, a pour but d'initier les enfants qui désirent se consacrer à la carrière de clown ou d'acrobate, à la pratique et au secret de la dislocation.

Les enfants, vêtus d'un simple caleçon, sont d'abord massés et ont les articulations assouplies par le vieux clown qui leur fait ensuite répéter tous les exercices de dislocation traditionnelle, et la séance se termine par un « banquet », chaque moutard ayant apporté ses petites provisions dans un panier comme à l'école, et le maître leur fait l'honneur d'en prendre sa part.

Ce repas a toujours lieu après la séance, parce qu'une des conditions exigées pour ces exercices est d'être complètement à jeun.

Ajoutons que ce professeur de dislocation, comme les professeurs de comptabilité, place ses élèves et est le pourvoyeur des troupes d'acrobates qui s'adressent à lui, de Paris, de la France et de l'étranger, quand leur famille ne suffit pas.

On n'entre à l'école de dislocation qu'après avoir fait preuve de prédispositions acrobatiques ; le nombre des candidats est toujours beaucoup plus considérable que celui des admis, et les enfants du quartier aimeraient beaucoup mieux suivre les études de l'école de dislocation que celles de l'école communale.

Les muscles des individus se soumettant d'une façon continue
à des exercices de dislocation subissent une transformation qu'il
est intéressant de noter.

On sait que dans l'échelle des êtres animés on rencontre très
fréquemment chez des animaux d'espèces différentes les mêmes
muscles faciles à reconnaître par leurs points d'insertion, mais
ces muscles se sont modifiés suivant le rôle qu'ils ont à remplir
dans l'animal chez lequel on les observe.

La proportion entre la longueur de la partie formée de fibres
rouges, la partie active, et celle de la partie tendineuse qui ne
sert qu'à transmettre l'action, varie suivant l'étendue du mouvement que le muscle est appelé à produire.

Un muscle qui concourt à un mouvement très étendu aura
sa partie rouge très développée, très longue proportionnellement
à la partie tendineuse.

Mais si dans un autre animal ce même muscle n'a plus qu'à
produire un mouvement de très peu d'ampleur, ce sera la partie
tendineuse qui prédominera sur la partie rouge.

Or cette différence de rapport entre la partie blanche et la
partie rouge des muscles se rencontre chez les individus de
même espèce; chez l'homme notamment, suivant l'étendue des
mouvements qu'il fait faire à ses muscles.

Chez l'individu qui ne fait aucune gymnastique la fibre rouge
diminue peu à peu de longueur et est remplacée par du tissu ten-
dineux. Ainsi chez les vieillards ne se livrant plus depuis de longues
années à aucun exercice musculaire, ce fait est facile à constater :
« les muscles remontent. » Les mollets par exemple descendent
beaucoup moins bas que chez les jeunes gens ; les muscles des bras,
les biceps ou le deltoïde (le gros muscle du sommet du bras) perdent
leur longueur, tandis que leur tendon s'est au contraire allongé.

Chez les clowns, les acrobates, les disloqués, qui se soumettent
d'une façon constante à des exercices violents, qui font exécuter à
leurs muscles des mouvements très étendus, la partie rouge de
ceux-ci se développe non seulement en grosseur, mais aussi en
longueur aux dépens de la partie tendineuse.

Les disloqués ont donc les muscles plus longs que les individus ne s'adonnant pas habituellement aux exercices du corps.

Dans la vie ordinaire, quand une personne atteint l'âge adulte, elle cesse peu à peu de se livrer à des exercices corporels; le préjugé, l'habitude, le respect humain en sont la cause. L'homme perdrait de sa dignité si, arrivé à un certain âge, il continuait à faire de la gymnastique. Aussi il arrive un moment où le corps grossit, les muscles s'empâtent, les articulations perdent de leur souplesse, c'est l'époque où la goutte, les rhumatismes, et d'une façon plus générale la diathèse arthritique si variée dans ses formes, toutes plus désagréables les unes que les autres, prend possession de celui qui, avec la nourriture substantielle, mène une vie trop sédentaire. Or, il est à remarquer que ces inconvénients de l'âge mûr et à plus forte raison de la vieillesse ne se présentent pas chez les individus qui par profession se livrent chaque jour à des exercices très violents : les gymnastes, les clowns, les acrobates, les disloqués; ceux-ci conservent, on peut dire, leur jeunesse à une époque où leurs contemporains s'aperçoivent déjà des inconvénients de vieillir. Le fameux gymnaste Auriol, parvenu à soixante-dix ou soixante-quinze ans, avait encore l'agilité, la souplesse, et en même temps l'énergie et les formes physiques d'un jeune homme de vingt ans.

On ne saurait trop insister sur ce point, que les exercices de souplesse ou tout au moins le massage ont, comme les exercices de force et concurremment à ceux-ci, l'avantage de conserver à nos organes leur bon fonctionnement.

Sous l'influence du travail auquel on les soumet et de la nutrition, nos organes se régénèrent partie par partie, molécule par molécule. Chacune de celles-ci détruite, brûlée par l'effort, étant remplacée par une nouvelle, l'organe qui fonctionne subit un véritable rajeunissement.

C'est ce qu'un vieux médecin traduisait par cette métaphore : « La véritable fontaine de Jouvence c'est l'exercice. »

LES JONGLEURS

CHAPITRE XXIX

LES EXERCICES DES JONGLEURS

Les sens du jongleur. — Comment on jongle. — L'apprentissage de Robert Houdin. — Exercices divers. — Les boules. — Les chapeaux. — Les baguettes.

Les tours exécutés par les jongleurs sont le plus merveilleux exemple de la perfection que peuvent atteindre nos sens et nos organes sous l'influence de l'exercice.

Le jongleur a à donner des impulsions variant de quantités infinitésimales ; il doit savoir le point précis qu'atteindra sa boule, apprécier la parabole qu'elle décrira, connaître exactement le temps qu'elle mettra à décrire cette courbe ; son regard doit embrasser la position des trois, quatre, cinq boules quelquefois à plusieurs mètres les unes des autres, et il doit résoudre ces divers problèmes de mécanique, d'optique, de mathématique, instantanément, dix, quinze, vingt fois par minute, et souvent dans les positions les moins commodes, sur le dos d'un cheval lancé au galop, sur la corde raide, sur une boule ou sur un tonneau qu'il fait tourner.

Pour bien apprécier l'habileté d'un jongleur, on peut prendre une balle, la jeter en l'air et essayer de la recevoir sans bouger

de place ; à moins d'avoir des dispositions spéciales pour l'art de
jongler, il est probable qu'on n'y parviendra qu'en faisant quelques pas en avant, à droite ou à gauche, et non sans quèlques
contorsions plus ou moins violentes.

Les enfants qui jouent à la balle élastique la lancent en l'air,
la reçoivent dans une main, la projettent sur le sol et la frappent
de nouveau quand elle rebondit, puis l'envoient sur une muraille
et la reçoivent quand elle a ricoché ; qui jettent leur balle en
l'air et la reçoivent dans leurs mains sans qu'ils aient changé de
place, et exécutent d'autres amusements analogues : ces enfants
jonglent, à proprement parler.

Quelques enfants arrivent à jongler, à l'aide de deux balles,
d'une façon assez gracieuse ; ils procèdent de la façon suivante :
ayant une balle de chaque main, ils lancent verticalement en
l'air celle qui est dans la main droite, passent dans cette même
main droite celle qui était dans la main gauche, la lancent également, reçoivent la première boule dans la main gauche, la passent dans la main droite, la jettent de nouveau et ainsi de suite,
en sorte que les deux boules sont presque constamment en l'air,
sauf le court moment employé pour recevoir la balle d'une main
et la passer dans l'autre.

Si, au lieu d'employer les deux mains, l'on jongle avec les
deux balles d'une seule main, recevant et renvoyant l'une pendant que l'autre est en l'air, la difficulté est un peu plus grande,
mais aussi le jeune homme qui peut exécuter vingt fois cet
exercice sans laisser tomber une de ses balles, peut traiter de
confrères les artistes de l'Hippodrome.

Jongler avec trois boules est plus difficile et nécessite l'enseignement spécial d'un professeur. Du reste, il est à remarquer
que l'art de jongler a suffisamment d'avantages, au point de vue
du développement de l'adresse et du tact, de l'appréciation rapide des distances, de l'agilité des doigts, de la précision du coup
d'œil et des mouvements, pour que son enseignement, parmi les
exercices gymnastiques auxquels on soumet les enfants dans les
écoles, ne soit nullement déplacé.

C'est à l'art de jongler que le célèbre prestidigitateur Robert Houdin attribuait l'adresse et la précision qu'il apportait dans ses exercices.

Voici, du reste, ce qu'il dit lui-même dans ses mémoires à ce sujet :

« On sait que l'exercice des boules développe étonnamment le toucher. Mais n'est-il pas évident qu'il développe également le sens de la vue ?

« En effet, lorsqu'un jongleur lance en l'air quatre boules qui se croisent dans différentes directions, ne faut-il pas que ce sens soit bien perfectionné chez lui, pour que ses yeux puissent, d'un seul regard, suivre avec une merveilleuse précision chacun des dociles projectiles, dans les courbes variées que leur ont imprimées les mains ? »

Robert Houdin trouva un jongleur qui en quelques leçons l'initia aux mystères de son art.

« Je me livrai, dit-il, avec une telle ardeur aux exercices qu'il m'indiqua, et mes progrès furent si rapides, qu'en moins d'un mois je n'avais plus rien à apprendre ; j'en savais autant que mon maître, j'étais parvenu à jongler avec quatre boules.

« Cela ne satisfit pas mon ambition ; je voulus, s'il était possible, surpasser la faculté de lire par appréciation, que j'avais tant admirée chez les pianistes ; je plaçai un livre devant moi et, tandis que mes quatre boules voltigeaient en l'air, je m'habituai à lire sans hésitation.

« On ne saurait croire combien, alors, cet exercice communiqua à mes doigts de délicatesse et de sûreté d'exécution, donnant à mon regard une promptitude de perception qui tenait du merveilleux.

« Après avoir ainsi rendu mes mains souples et dociles, je n'hésitai plus à m'exercer directement à la prestidigitation. »

Les jongleurs de profession, pour s'entretenir dans leur habileté, ont besoin d'exercices journaliers ; quelques jours de repos volontaire ou forcé nécessitent un redoublement de travail pour rendre aux membres leur souplesse et leur habileté antérieures.

On sait qu'il en est de même pour l'agilité des danseuses, chez lesquelles un jour de repos nécessite huit jours de double travail.

Quand on sait jongler avec des boules, remplacer celles-ci par des bouteilles, des poignards, des assiettes ou même des torches enflammées, ne présente plus aucune difficulté.

On voit des jongleurs exécuter leurs tours à la fois avec les objets les plus divers, faisant voltiger, par exemple, une grosse boule, une orange et un chiffon de papier, et sachant donner à ces objets, de volume et de poids différents, des impulsions telles que chacun d'eux retombe à temps pour que les courbes qu'ils décrivent dans l'espace soient uniformes.

Voici les divers exercices exécutés successivement par un jongleur à cheval dans un cirque de Paris :

1° Jongler successivement avec deux, trois, quatre boules ;

2° Faire tourner une grosse boule sur la pointe d'une baguette, la tenir en équilibre sur cette baguette tendue horizontalement, la jeter en l'air et la recevoir sur la baguette ;

3° Faire rouler cette boule sur son bras, ses épaules, son cou, ou bien encore sur son côté, sa jambe, la relançant en l'air avec la pointe de son pied, la faire enfin évoluer avec une sûreté et une précision des plus remarquables ;

4° Jongler avec cette boule et deux coupes, recevoir la boule dans l'une de celles-ci, y substituer l'autre et ainsi de suite ;

5° Jongler avec deux, puis trois grosses boules, exécuter divers exercices d'équilibre très curieux avec une simple bouteille et une assiette, faisant reposer celle-ci sur celle-là, soit sur le goulot, soit sur le fond ;

6° Jongler avec une assiette et deux boules de métal, et enfin terminer par une sorte d'apothéose : Le jongleur reçoit des plats de cuivre au bout d'une baguette, il leur imprime un rapide mouvement circulaire qui les maintient dans une position horizontale ; puis, il place cette baguette en équilibre sur son casque, il en place de même trois, quatre, cinq ou davantage, chacune ayant sur sa pointe un plat de métal tournant avec rapidité, et alors, la tête chargée de ces disques resplendissants, le jongleur dans son brillant costume de soie et de velours jongle avec des poignards aux lames d'acier ; la musique redouble ses accents, le fouet claque, la salle applaudit, et c'est ainsi que le jongleur termine ses exercices.

On voit quelquefois plusieurs jongleurs exécutant ensemble des tours extrêmement gracieux ; trois, quatre, cinq de ces jeunes gens se renvoient de l'un à l'autre des séries de boules ; parfois vingt, trente, quarante boules voltigent en l'air, formant une sorte de voûte mobile et brillante au-dessus des jongleurs. Quelques-uns de ceux-ci déroulent et font voltiger en l'air des écharpes de soie, tandis que leurs camarades jonglent par-dessus ces écharpes avec des boules aux reflets d'or et d'argent.

Les chapeaux. — Certains clowns exécutent, avec des chapeaux, une série de tours très curieux.

Par exemple : prenant un de ces chapeaux dont la forme est traditionnelle, une sorte de cône en feutre blanc, il le fait pivoter sur sa pointe, le pose en équilibre sur son nez ; le jette en l'air avec son pied et le reçoit sur sa tête ; le pose sur son dos et parvient à s'en coiffer sans y porter la main.

Puis, prenant ce chapeau et le lançant en l'air en lui imprimant un mouvement de rotation horizontal, il l'envoie à un camarade placé plus loin qui le reçoit sur sa tête ; celui-ci en même temps peut lui en envoyer également un autre, qu'il reçoit de la même façon, les deux chapeaux s'étant croisés en l'air ; et cet exercice continue avec deux, trois, quatre, cinq chapeaux et même davantage, qui viennent s'emboîter les uns sur les autres sur la tête de chaque clown ; puis bientôt la largeur de la piste ne suffit plus à ceux-ci, et c'est du point le plus éloigné de la salle que l'un d'eux envoie successivement les chapeaux à son camarade qui les reçoit sur la tête, après qu'ils ont parcouru une immense courbe à travers la salle.

Cet exercice rappelle, en quelque sorte, le jeu du tonneau ; seulement dans ce cas le tonneau est mobile et fait autant d'efforts et de preuves d'adresse pour recevoir les projectiles que son camarade pour les lui envoyer.

Les baguettes. — Avec une simple baguette de bois et quelques accessoires on peut exécuter une série de tours d'adresse.

Tenir en équilibre une baguette sur le bout du doigt, voire
même sur le nez, c'est un tour qu'exécutent la plupart des enfants.

Jeter la baguette en l'air et, après lui avoir fait faire un ou
deux tours, la recevoir de nouveau en équilibre, est un peu plus
difficile.

Faire tourner cette baguette sur la main, entre chacun des
doigts, et la faire revenir à sa position première en la saisissant
avec l'index lorsqu'elle quitte le petit doigt, de façon à lui imprimer un mouvement de rotation continu, etc. Ce sont là des exercices que peuvent exécuter des amateurs après quelques essais.

Il en est de même de l'exercice qui consiste à faire tourner un
chapeau en feutre mou à l'aide d'une baguette en faisant passer
rapidement cette baguette autour du chapeau et en frappant
le bord de celui-ci à chaque tour. Sous cette impulsion, le chapeau tourne avec rapidité, devient ainsi un véritable giroscope
n'obéissant plus aux lois de la pesanteur et qui peut prendre
toutes les positions, verticales, horizontales ou obliques, dans lesquelles on voudra le placer.

Cet exercice exécuté par un clown habile est très gracieux, et
présente cette particularité qu'il peut être pris comme démonstration d'un curieux principe de physique.

Au lieu d'un chapeau, on peut faire tourner horizontalement
en l'air un carré d'étoffe, soit un drapeau aux couleurs brillantes
ou une simple serviette de toile ; il suffit de lui imprimer un
mouvement de rotation pour que ses angles, obéissant à la force
centrifuge, s'écartent peu à peu et finissent par tourner dans un
plan horizontal d'abord, et ensuite incliné ou vertical, suivant le
sens de l'impulsion qu'on voudra lui donner.

Tenant une baguette de chaque main, on peut faire tourner
une troisième, la faire sauter en l'air, la recevoir de nouveau,
lui donner des mouvements alternatifs dans un sens ou dans
l'autre ; exécuter en un mot une série de petits tours dont au

premier abord on ne se rend pas compte de la possibilité, et dont le secret consiste simplement à faire en sorte que le bout de la baguette mobile qui est en dehors de l'extrémité des deux autres soit plus long que celui qui est tenu par les deux baguettes.

Il y a là alors un effet de levier qui a pour résultat de presser l'une des parties de la baguette mobile contre l'extrémité des deux autres, pression qui suffit pour lui communiquer l'impulsion.

Tous ces tours peuvent être exécutés par des enfants ayant quelque peu d'adresse.

CHAPITRE XXX

LES JONGLEURS ÉQUILIBRISTES

Les jongleurs équilibristes. — Certains jongleurs exécutent des tours d'équilibre tels que de faire tenir plusieurs objets les uns sur les autres, de façon à constituer une sorte de monument fragile qui ne tient que par un prodige d'adresse; par exemple, porter à l'extrémité du tuyau d'une pipe de terre une baguette supportant une autre pipe sur laquelle est placée à son tour une sorte de perchoir avec deux jolis oiseaux des îles, le tout formant des zigzags dont on se rend difficilement compte de la possibilité de sustentation.

Un jongleur portait en équilibre une série de bâtonnets ou plutôt de quilles disposées à la façon de ces édifices de dominos que construisent les enfants; puis enlevait certaines de ces quilles dont la présence semblait indispensable à la stabilité de l'édifice, celui-ci semblait s'écrouler et reparaissait tout à coup sous une forme nouvelle.

Un des plus habiles de ces jongleurs équilibristes est incontestablement M. Tréniz qui, parmi un très grand nombre d'exercices d'adresse ou d'équilibre, a la spécialité de faire, avec de simples cubes de bois, une série de tours, tels que construire des édifices, leur faire changer de forme instantanément; projeter des piles de ces cubes de bois en l'air et, malgré le désordre apparent de leur chute, reconstituer en les recevant l'édifice primitif.

Ce jongleur exécutait, à l'aide d'une simple banderole de soie tenue par un court bâton auquel il imprimait un vif mouvement de rotation, des hélices, des courbes, des lignes ondulées de diverses façons, du plus gracieux effet.

Tenir des objets en équilibre sur la tête est un tour d'adresse répété pratiquement tous les jours par les personnes qui ont des fardeaux à porter.

On le voit exécuter par de petits pâtissiers parisiens qui portent leurs corbeilles en équilibre sur la tête sans l'aide de leurs mains, comme par les femmes de la campagne qui par ce moyen transportent des fardeaux de 15, 20, 30 et même 40 kilogrammes, quelquefois à de grandes distances et dans des pays de montagne. Dans la Haute-Loire notamment, les femmes de Pinols ont une réputation pour ce mode de transport. On en a vu faire plusieurs lieues avec un fardeau de 50 kilogrammes en équilibre sur leur tête; dans ce cas elles soutiennent pour ainsi dire le haut de leur corps en appuyant leurs mains sur les hanches. On sait que c'est la manière employée de préférence pour porter les fardeaux par les nègres de l'Afrique et par les femmes dans la plupart des pays sauvages.

Le fardeau placé ainsi sur la tête repose sur la colonne vertébrale qui transmet directement son poids aux jambes dans le sens de la longueur des os, c'est-à-dire dans le sens de la plus grande résistance qu'est susceptible de fournir la charpente humaine.

Dans le Midi on voit souvent les beaux danseurs exécuter des tours d'équilibre tout en se livrant avec leurs jambes aux entrechats les plus compliqués. Par exemple, tenir une bouteille posée sur le dos de chaque main et une autre en équilibre sur leur tête; si un maladroit a le malheur de laisser tomber une de ses bouteilles, il est honni, bafoué et n'a qu'à se retirer au plus vite devant les lazzis de ses concurrents. Quelquefois les bouteilles sont remplacées par des vérres remplis d'eau ou de vin.

Les jeunes élégants auvergnats sont réputés pour exécuter ce tour en dansant la bourrée.

Faire tenir en équilibre, sur le bout du doigt, un grand cornet de papier fait de la feuille entière d'un journal, est très facile, et ce tour devient plus curieux lorsque l'on enflamme ce cornet par sa partie supérieure : c'est alors une grosse gerbe de flammes que l'on se trouve tenir sur le doigt, et par suite de l'aspiration d'air produite par la flamme, le cornet reste pour ainsi dire immobile tout le temps de sa combustion.

L'œuf de Christophe Colomb. — L'histoire rapporte que Christophe Colomb, appelé à Salamanque devant une junte de savants espagnols présidée par Ferdinand de Talavéra, confesseur de la reine Isabelle, pour défendre son projet, répondit à toutes les objections extraordinaires qu'on lui opposait, telles que la mer sans limites, ou la chute probable des eaux dans un gouffre sans fond, etc., en proposant à ses juges de vouloir bien essayer de faire tenir un œuf sur sa pointe. On apporta un œuf ; tous les graves conseillers essayèrent successivement, mais sans pouvoir réussir, et chacun déclara la chose impossible. Le tour de Colomb arriva ; celui-ci prit l'œuf, et au bout de quelques instants le montra, restant en équilibre. Alors Colomb leur fit remarquer que de même qu'ils déclaraient irréalisable quelques minutes avant ce qu'il venait d'exécuter, ils déclaraient irréalisable également la rencontre d'un continent à l'ouest des mers, dont lui affirmait l'existence.

Certains commentateurs ont dit que Colomb avait réalisé l'équilibre de l'œuf en écrasant la pointe de celui-ci sur la table.

Ce procédé brutal n'eût guère eu de valeur démonstrative, et il est plus probable que Colomb n'a réussi son expérience qu'à l'aide du procédé physique qui permet de nos jours de faire également tenir un œuf sur sa pointe sans endommager sa coque.

Pour résoudre ce tour d'équilibre l'on prend un œuf et, par des secousses réitérées mais peu énergiques, on parvient à faire descendre le jaune de l'œuf vers la pointe, de façon à ce qu'il occupe toute la partie inférieure tandis que le blanc va occuper la partie supérieure.

La densité du jaune étant plus grande que celle du blanc, la densité de la pointe de l'œuf sera plus grande que celle de l'autre partie; l'œuf tendra donc à rester en équilibre si on le place debout sur sa pointe.

Le jaune agit dans cette circonstance comme le contre-poids qui, placé à la partie inférieure d'un bonhomme de carton, tend à lui faire prendre une position verticale.

Telle est l'explication de la célèbre expérience de Christophe Colomb, expérience que chacun peut répéter presque à coup sûr après les quelques essais que nécessite un petit apprentissage.

Les jongleurs avec leurs pieds. — Certains jongleurs exécutent avec leurs pieds des tours dénotant dans ces organes une grande habileté.

Pour ces exercices le jongleur est étendu sur le dos, les jambes relevées, et alors il jongle soit avec un tonneau, qu'il fait rouler, sauter, qu'il tient en équilibre; soit avec un grand tube, une sorte de mirliton gigantesque, qu'il fait évoluer de la même façon; soit encore avec une table qu'il projette en l'air, fait tourner en la tenant en équilibre sur un de ses angles et en somme la manœuvre avec ses pieds beaucoup plus facilement qu'il ne lui serait possible de le faire s'il y employait ses mains.

Les Japonais excellent dans ces tours d'adresse; ils agissent, nous l'avons dit précédemment, pieds nus et se servent de leurs orteils avec autant d'habileté que de leurs doigts.

C'est ainsi que l'on a pu voir, à l'Hippodrome, des Japonais jonglant avec leurs pieds, exécutant des tours très curieux, et faisant évoluer avec une précision remarquable des objets, tels que des cubes de bois, des chaises, un bambou, un paravent, un parapluie.

Terminons par trois tours de jongleurs dont l'un s'exécute en Chine, l'autre dans l'Inde, et le troisième au Japon.

Le tour des couteaux en Chine. — Le jongleur chinois, après avoir jeté en l'air et exécuté divers tours avec des poignards, fait examiner ceux-ci par les spectateurs afin qu'ils puissent bien se rendre compte de l'acuité de leur pointe et du coupant de leur lame, alors il place contre un panneau de bois un enfant d'une dizaine d'années presque entièrement nu, les bras étendus, les doigts écartés ; puis le jongleur se reculant de quelques pas saisit un de ses poignards, le place sur sa main, la poignée en avant, et le lance vers l'enfant. Le poignard dans l'espace décrit une courbe, et la pointe frôlant la tête nue de l'enfant entre profondément dans le bois du panneau.

Un autre poignard, lancé par le jongleur, vient s'appliquer contre la joue de l'enfant ; puis successivement les autres lames viennent s'implanter autour de la tête, entre les doigts et sur les côtés du corps du pauvre petit ; lorsque celui-ci quitte sa position, la silhouette de son corps est pour ainsi dire dessinée en lames d'acier fixées solidement dans l'épaisseur du bois.

L'autre tour est beaucoup plus gracieux. Il s'agit de *la danse des œufs* dans les Indes, et voici la jolie description qu'en donne M. Rousselet dans son magnifique ouvrage, *L'Inde des Rajahs :*

« La danseuse, vêtue du costume des femmes du peuple, un corsage et un sarri très court, porte sur la tête une roue en osier d'un assez grand diamètre, placée d'une manière horizontale sur le haut du crâne ; autour de cette roue sont pendus des fils également distancés et munis à l'extrémité d'un nœud coulant maintenu ouvert au moyen d'une perle de verre.

« Ainsi parée, la jeune fille s'avance vers nous tenant une corbeille remplie d'œufs, qu'elle nous présente afin que nous puissions constater que ces œufs sont véritables et non pas imités. La musique entonne un rythme saccadé et monotone, et la danseuse se met à tourner sur elle-même avec une grande rapidité. Saisissant alors un œuf, elle l'introduit dans l'un des nœuds coulants et, d'un mouvement sec, elle le lance de manière à serrer le nœud par l'effet de la force centrifuge que produit la rapidité du mouvement circulaire de la danseuse ; le fil retenant l'œuf se tend, et celui-ci vient se placer en ligne droite sur le prolongement du rayon correspondant de la circonférence.

« Les uns après les autres, les œufs sont lancés dans les nœuds coulants et viennent bientôt former une auréole horizontale

Fig. 49. — Le papillon japonais.

autour de la tête de la danseuse. A ce moment, la danse devient de plus en plus rapide ; c'est à peine si l'on peut distinguer les traits de la jeune femme ; le moment est critique, le moindre faux pas, le moindre temps d'arrêt, et les œufs se brisent les uns contre les autres. Mais alors comment interrompre la danse, comment s'arrêter ? Il n'y a qu'un moyen, c'est de retirer les œufs de la même façon qu'on les a placés.

« Cette dernière opération est la plus délicate des deux.

« Il faut que d'un seul geste, net et précis, la danseuse saisisse l'œuf et l'attire à elle ; on comprend que si sa main venait maladroitement se placer dans le cercle, il suffirait qu'elle rencontrât seulement un des fils pour rompre subitement l'harmonie générale.

« Enfin tous les œufs ont été retirés heureusement ; la danseuse s'arrête brusquement, et sans paraître le moins du monde étourdie de ce tourbillonnement de vingt-cinq à trente minutes, elle se dirige d'un pas ferme vers nous et nous présente les œufs contenus dans la corbeille, qui sont séance tenante cassés dans un plat, afin de prouver l'absence complète de supercherie[1]. »

Le papillon japonais. — Les jeunes filles japonaises sont réputées pour exécuter avec une grâce et une habileté sans égales l'exercice du papillon.

Dans les familles bourgeoises, après le repas, la jeune fille, pour faire honneur à l'hôte de ses parents, prend une feuille de papier de riz, et à l'aide de l'ongle du petit doigt de sa main gauche, découpe dans cette feuille la figure d'un papillon. Saisissant alors son éventail, elle l'agite doucement et bientôt le papillon de papier se soulève, semble hésiter, quitte la table, voltige dans l'air; il semble fuir la jeune fille, puis bientôt se rapproche, s'envole à de grandes hauteurs et retombe en voltigeant près du sol, va se poser sur un vase de fleurs, sur la tête ou sur l'épaule d'un des assistants, pénètre dans une cassette et en ressort.

La jeune fille taille un second papillon, puis successivement deux autres dont les ébats viennent se mêler à ceux du premier, et l'on a le curieux spectacle de voir ces simples morceaux de papier aux couleurs variées tourbillonner comme de gros papillons apprivoisés autour de leur charmeuse (fig. 49).

1. L. Rousselet, *l'Inde des Rajahs*, p. 551, 552.

LES AVALEURS DE SABRES

CHAPITRE XXXI

LES ACROBATES AVALEURS DE SABRES

La sensibilité de l'arrière-gorge. — Exercices divers. — L'accoutumance.
— Les avaleurs de fourchettes. — La physiologie des avaleurs de sabres.
— Services qu'ils ont rendus à la médecine. — Avaleurs de cailloux.

Quand un médecin introduit dans la gorge d'un malade ses doigts, le dos d'une cuillère, un pinceau, ou une simple barbe de plume, ce malade éprouve une sensation extrêmement désagréable. Tout attouchement, quelque léger qu'il soit, sur les organes qui forment l'arrière-bouche, cause de l'étouffement, de l'angoisse, des nausées; les organes réagissent avec violence contre l'obstacle qui vient menacer le libre fonctionnement de la respiration.

Il n'est personne qui n'ait ressenti nombre de fois cette impression désagréable. Aussi éprouve-t-on une légitime surprise quand on voit des individus semblant y être rebelles : quand, par exemple, on leur voit s'introduire dans l'arrière-gorge des corps solides, volumineux, rigides, comme une lame de sabre, faire pénétrer celle-ci à une profondeur qui semble incroyable et telle qu'elle fait craindre une sorte d'embrochement.

Ce sont des expériences de ce genre qui constituent les tours des avaleurs de sabres.

Ces expériences sont à peu près toujours les mêmes, et voici, comme exemple, celles qu'exécute un acrobate qui de temps en temps s'exhibe à Paris dans les théâtres de curiosités, les cafés-concerts, les cirques.

Il se présente vêtu d'un brillant costume ; à côté de lui un tableau orné de drapeaux de diverses nationalités porte une panoplie de sabres, d'épées, de yatagans ; de l'autre côté est un faisceau de fusils munis de leurs baïonnettes (fig. 50).

L'acrobate prenant alors un sabre plat dont la lame et la poignée ont été découpées dans une même feuille de métal (fig. 51. A), la lame ayant une longueur de 55 à 60 centimètres, il en introduit l'extrémité dans sa gorge, frappe à petits coups sur le manche et la lame finit par disparaître entièrement.

Il répète la même expérience en ingurgitant la lame d'un seul coup.

Ensuite, après avoir avalé et retiré deux de ces mêmes sabres, il en fait pénétrer un jusqu'à la garde, un second un peu moins, un troisième un peu moins encore, et enfin un quatrième qui ressort plus d'à moitié, les poignées se trouvent alors étagées comme dans la figure 51 (C).

Appuyant alors sur les poignées, il avale les quatre lames d'un seul coup ; ensuite il les retire lentement une à une. L'effet obtenu est assez surprenant. Après avoir avalé plusieurs épées et sabres divers, il prend un ancien fusil de munition ayant sa baïonnette triangulaire, et ingurgite celle-ci, le fusil restant vertical au-dessus de sa tête. Enfin, pour terminer, il emprunte la grande latte d'un dragon qui se trouve là pour cette expérience, et en fait disparaître les deux tiers. Le sabre circule ensuite parmi les spectateurs et chacun peut s'assurer que c'est bien un sabre réglementaire et qu'il n'y a aucune supercherie. Comme tour de « rappel », l'avaleur de sabres dont nous parlons emprunte une canne à une personne dans le public et l'avale presque entièrement.

Fig. 50. — Un avaleur de sabres.

Un certain nombre de spectateurs croient d'ordinaire que l'acrobate produit une illusion à l'aide d'un truc quelconque et qu'il est impossible d'avaler une lame de sabre. C'est une erreur ; les avaleurs de sabres employant des trucs sont très peu nombreux et leurs expériences peu variées, les autres introduisent réellement dans leur bouche et les premiers organes de la nutrition les lames qu'ils font disparaître.

Voici comment ils peuvent arriver à ce résultat :

Les organes du fond de la bouche, malgré leur sensibilité, leur révolte au moindre contact d'un corps dur, sont susceptibles d'*accoutumance*. Ils s'habituent peu à peu aux contacts anormaux.

Ce fait est utilisé en médecine. Il arrive journellement que des malades atteints d'accidents à la gorge ou à l'estomac ne peuvent plus se nourrir, ne peuvent plus avaler. Ils mourraient d'inanition si on ne les nourrissait artificiellement à l'aide de la sonde œsophagienne.

Cette sonde est un tube en caoutchouc vulcanisé que le malade avale, comme les avaleurs de sabres avalent ceux-ci, et par l'extrémité duquel un aide verse du lait ou du bouillon. Mais le malade, avant de pouvoir faire un usage journalier de la sonde œsophagienne, doit faire un véritable apprentissage. La première introduction de l'extrémité de la sonde dans l'arrière-gorge est extrêmement pénible, elle ne peut être qu'un rapide attouchement, la seconde l'est un peu moins, et ce n'est qu'après un grand nombre d'essais de plus en plus prolongés que le malade finit par avaler 30 ou 40 centimètres de la sonde sans impression désagréable.

Le lavage de l'estomac opéré à l'aide d'un long tube flexible dont le malade avale une partie et avec lequel il fait pénétrer et sortir une grande quantité d'eau tiède dans l'estomac, en élevant le tube ou en le baissant en siphon, nécessite aussi un apprentissage de quelques jours, mais le malade parvient à accoutumer ses organes au contact du tube en caoutchouc, il finit au bout de peu de temps par avaler celui-ci, si ce n'est avec satisfaction, du moins avec indifférence.

Les avaleurs de sabres sont absolument dans le même cas ; chez eux ce n'est que par suite d'essais répétés que l'accoutumance des organes de l'arrière-bouche est devenue assez grande pour leur permettre enfin d'avaler des corps aussi volumineux et aussi rigides que des épées, des sabres, des cannes, ou même des queues de billard.

On sait que M. le professeur Brown-Sequard est parvenu à transformer des cobayes, des lapins et même des chiens en véritables avaleurs de sabres. M. Brown-Sequard a en effet remarqué que lorsqu'on fait arriver un courant très rapide d'acide carbonique dans l'arrière-gorge, la muqueuse tapissant le pharynx, la glotte, et l'épiglotte, l'œsophage devient après un temps variable, de quinze secondes à trois minutes, complètement insensible. La muqueuse de ces parties, qui dans tous le sanimaux est si sensible au moindre attouchement, provoque des mouvements réflexes si énergiques, permettait, après avoir été insensibilisée par l'acide carbonique, les attouchements les plus prolongés, des opérations chirurgicales, même l'introduction dans l'œsophage de sondes, de baguettes sans que l'animal en ressentît aucune gêne ni aucune douleur. On aurait pu dans ce moment faire avaler à un chien ayant subi cette anesthésie locale des sabres, des épées et lui faire répéter tous les tours que font les acrobates avaleurs de sabres s'exhibant en public.

Les avaleurs de fourchette et de cuillère ont fait un apprentissage analogue. On sait que leur talent consiste à pouvoir s'introduire une longue cuillère ou fourchette dans la gorge en la tenant suspendue par son extrémité entre les deux doigts, l'index et le majeur. Ce jeu malpropre est extrêmement dangereux, parce que l'œsophage exerce une sorte de succion sur tous les corps qui y sont introduits. La cuillère ou la fourchette est donc fortement attirée ; si l'individu ne peut la retenir, elle tombe dans son estomac d'où il faut l'extraire par une opération chirurgicale très dangereuse : l'ouverture de l'estomac. Ce sont des accidents de ce genre qui ont fait la célébrité de l'homme à la fourchette, l'homme au couteau, et enfin l'homme à la cuillère, Geniscain, mort des suites de l'extraction de son estomac, d'une cuillère à sirop d'une longueur de 24 centimètres.

Tous les avaleurs de sabres ne procèdent pas de la même façon. Les uns avalent la lame directement, sans aucun appareil intermédiaire, mais alors leurs sabres ont, à leur extrémité, près de la pointe, un petit appendice en forme de baïonnette sur lequel

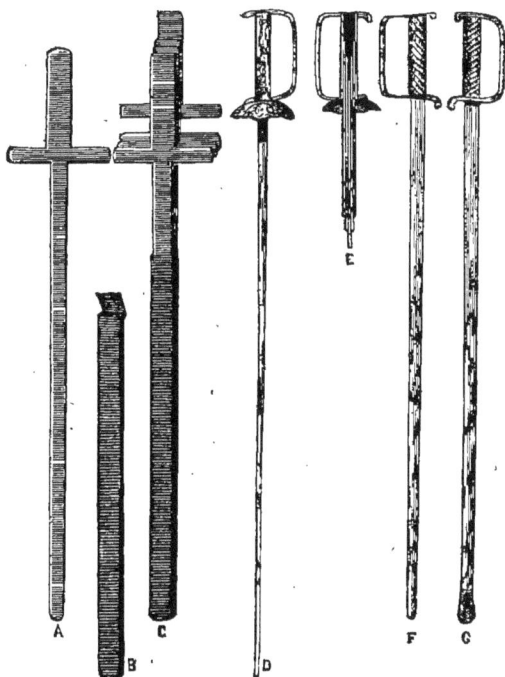

Fig. 51. — Différents appareils des avaleurs de sabres.

ils insèrent une petite boule de gutta-percha, et cela sans que le public s'en aperçoive (fig. 51 F et G).

D'autres ne prennent même pas cette précaution et avalent le sabre ou l'épée tels quels. C'est ainsi que procède notamment un ancien zouave devenu pauvre saltimbanque, qui dans ses expériences montre et fait toucher aux spectateurs, au-dessous du sternum, la saillie que. fait sur la peau la pointe du sabre dans son estomac.

Mais la plupart des avaleurs de sabres s'exhibant sur des scènes emploient un tube conducteur qu'ils ingurgitent préalablement, les expériences qu'ils peuvent faire deviennent moins dangereuses et peuvent être plus variées. Ce tube long de 45 à 50 centimètres est en métal très mince. Sa largeur est de 25 millimètres, son épaisseur de 15 (fig. 51 B). Ces dimensions permettent entre autres l'introduction facile des sabres à lames plates, l'expérience faite avec quatre de ces sabres (fig. 51 C) et l'introduction de sabres et d'épées de toutes formes.

Au point de vue physiologique, le sabre avalé par l'acrobate pénètre d'abord dans la bouche et le pharynx, puis dans l'œsophage, traverse l'ouverture cardiaque de l'estomac et pénètre dans celui-ci jusqu'à l'*antre du pylore*, le petit cul-de-sac de l'estomac. A l'état naturel, ces organes ne sont pas en ligne droite, ils subissent donc une déformation par le passage de la lame. Tout d'abord la tête se redresse pour que la bouche soit dans la direction de l'œsophage, les courbures de celui-ci disparaissent ou s'atténuent, l'angle que fait l'œsophage avec l'estomac se redresse et enfin ce dernier organe se distend dans le sens vertical, sa courbure interne disparaît, ce qui permet à la lame de traverser l'estomac dans sa plus grande largeur, c'est-à-dire d'atteindre le petit cul-de-sac (fig. 52). Bien entendu que pour que ce résultat puisse être obtenu il faut que l'estomac soit vide, l'avaleur de sabre doit être à jeun.

La profondeur de 55 ou 60 centimètres à laquelle les avaleurs de sabres font pénétrer leurs instruments, qui semble extraordinaire aux spectateurs, s'explique par les dimensions des organes traversés. Cette longueur peut se diviser ainsi :

Bouche et pharynx...................... ...	10 à 12
Œsophage..............................	25 à 28
Estomac distendu.......................	20 à 22
	55 à 62

C'est donc une longueur d'organes de 55 à 62 centimètres, suivant la taille de l'individu, qui peuvent donner passage sans inconvénient aux lames avalées.

Les acrobates avaleurs de sabres ont rendu d'importants services à la médecine. C'est grâce à l'un d'eux, avaleur de sabres
et de cailloux, qu'en 1777 le médecin écossais Stevens put faire
les premières études sur le suc gastrique humain. Pour cela il fit
avaler à cet individu de petits tubes métalliques percés de trous,
remplis de viande suivant la méthode de Réaumur, et les lui fit

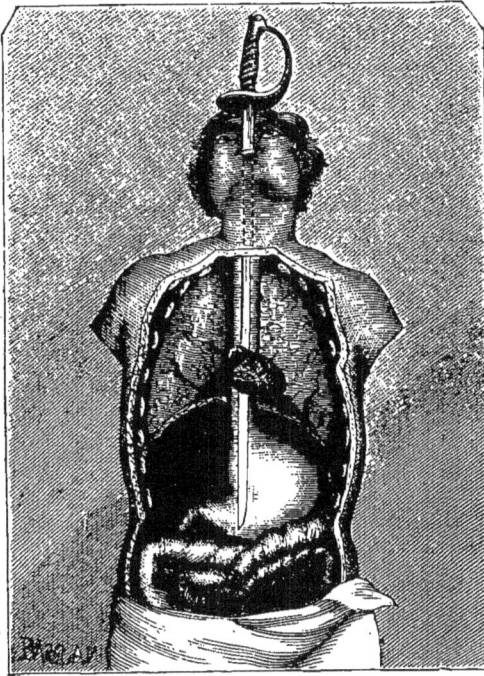

Fig. 52. — Position occupée par la lame dans le corps de l'avaleur de sabre.

rendre au bout d'un certain temps par la bouche. Ce sont également les avaleurs de sabres qui ont montré aux médecins jusqu'où
peut aller l'accoutumance des organes de l'arrière-bouche, d'où
est résultée l'invention du tube de Faucher, de la sonde œsophagienne, du lavage de l'estomac, et de l'éclairement électrique de
cet organe.

Il arrive parfois que les avaleurs de sabres des places et des

carrefours sont en même temps *avaleurs de cailloux*, comme
l'était celui dont Stevens avait utilisé les talents, c'est-à-dire ont
la singulière faculté de pouvoir avaler des cailloux plus ou moins
volumineux dépassant souvent la grosseur d'un œuf de poule, et
cela au nombre de quatre, cinq, six, parfois davantage, et de les
rendre ensuite un à un par une simple contraction de l'estomac.

Le baron Hübner, dans sa « Promenade autour du monde »,
raconte avoir vu en Chine, à Shanghaï, un acrobate exécutant des tours analogues. « ... Sur une petite place, dit-il, le
peuple forme une masse compacte. Un jongleur l'a attiré. Grâce
à un effort suprême, je parviens à me poster auprès de l'artiste
déguenillé qui n'a évidemment pas dîné et qui, si l'on en juge
par le peu de sapèques qu'il recueille, ne soupera guère. Sur sa
physionomie fine et spirituelle se peignent la fourberie, l'impu-
dence et la misère. Et pourtant ce pauvre diable fait des prodiges. Je me demande encore si tout cela n'est pas de la magie.

« Je lui ai réellement vu avaler une demi-douzaine de petites
tasses de porcelaine fine et les rendre au bout de quelques minutes. Je n'en croyais pas mes yeux, mais j'atteste le fait. L'autre
jour, me dit-on, son camarade, après avoir avalé les tasses, ne put
les rendre et mourut dans des souffrances atroces. »

C'est là un nouvel exemple des modifications de sensibilité et
de fonction qu'avec de la volonté et de la constance un individu
peut apporter dans ses organes.

Pour terminer, disons un mot des trucs donnant l'illusion
d'épées ou de sabres avalés.

L'un d'eux, ne trompant qu'à une certaine distance, consiste à
plonger le sabre dans un tube descendant le long du cou et de la
poitrine sous le vêtement, dont l'ouverture placée près de la
bouche est dissimulée à l'aide d'une fausse barbe. Un autre
beaucoup plus ingénieux, qui a été utilisé dans plusieurs féeries,
est celui de l'épée dont la lame rentre dans la poignée ; il est
dû à M. Voisin, l'habile constructeur d'appareils de physique. A
l'état ordinaire cette épée a une lame rigide longue de 80 centimètres, laquelle, quand on la voit à quelques mètres, ne pré-

sente rien de particulier (fig. 51 D). Mais si l'acteur la plonge dans sa bouche, le spectateur la voit s'enfoncer peu à peu et finalement disparaître presque entièrement, il ne ressort plus que quelques centimètres de lame. En réalité la lame est rentrée dans la poignée : cette lame est composée d'une extrémité pleine rentrant dans la partie médiane qui est creuse, et ces deux premières parties rentrent dans celle qui forme la base de la lame ; la lame est alors réduite à 25 centimètres environ, la moitié de cette longueur disparaît dans la poignée ; il ne reste donc que quelques centimètres hors de la bouche de l'acteur, qui semble avoir avalé l'épée (fig. 51 E). C'est un fort joli truc.

Cette épée rappelle le glaive à lame rentrante, *cluden*, dont se servaient les acteurs romains quand sur la scène ils avaient à transpercer un ennemi.

Telle est la vérité sur les avaleurs de sabres. On voit que, soit sous le rapport de la simple curiosité, soit sous celui de l'intérêt physiologique ou médical, ces acrobates méritent d'attirer tout au moins quelque temps l'attention.

CHAPITRE XXXII

LES PIERRES D'HIRONDELLES

La sensibilité de l'œil. — Les jongleurs indous. — Les bâtonnets d'argent.
— La légende. — Les pierres d'hirondelles. — Leur utilité. — Les yeux
d'écrevisse. — Les cailloux de rivière.

Si en wagon, en mettant la tête à la portière, on reçoit un granule microscopique de charbon dans l'intérieur de l'œil, la douleur que l'on ressent de suite est extrême, l'irritation est violente, la cornée devient rouge par suite de la congestion des vaisseaux capillaires, la muqueuse intérieure de la paupière est enflammée, la sécrétion lacrymale surexcitée, l'œil pleure abondamment; puis la tête devient lourde, douloureuse, et cet état peut durer trois, quatre, cinq heures ou davantage, jusqu'à ce que la particule de charbon soit rejetée par les larmes ou qu'on ait pu l'extirper.

La même gêne a lieu, les mêmes accidents se reproduisent quand le globe a été touché même légèrement par le doigt, ou par une branche d'arbre, un corps étranger quelconque, ou quand un grain de poussière, un moucheron, un cil, vient se loger sous la paupière; aussi est-ce avec une surprise bien légitime que l'on voit certaines personnes pouvoir sans douleur apparente faire pénétrer entre la paupière et le globe de l'œil des corps étrangers relativement très volumineux, tels que des bâtonnets d'argent de la grosseur d'un porte-plume (fig. 53), ou de petits cailloux du volume d'une lentille désignés sous le nom de « pierres d'hirondelles » (fig. 54).

Voici quelques détails sur ces curieuses expériences physiologiques.

Plusieurs voyageurs racontent avoir vu des acrobates indous exécuter avec leurs yeux des tours d'adresse et même, ce qui peut sembler paradoxal, des tours de force. Ainsi une jeune fille plante dans le sable deux brins de paille, puis se tenant debout et peu à peu se renversant en arrière, elle saisit à la fois ses deux pailles entre ses paupières ; puis elle se redresse lentement. Elle montre ainsi la précision qu'elle apporte dans ses exercices de dislocation, puisque dans une position aussi gênante elle a pu saisir les deux pailles sans léser le globe de l'œil.

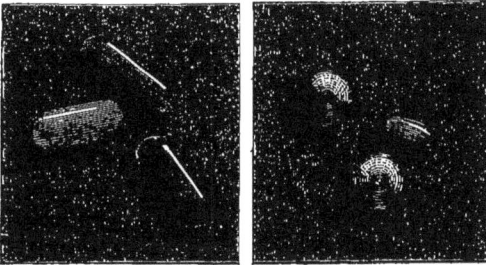

Fig. 53 et 54. — Bâtonnets d'argent. — Les pierres d'hirondelles (grandeur naturelle).

D'autres fois l'acrobate soulève des poids avec ses paupières ; pour cela elle introduit entre celles-ci et le globe de l'œil un bouton de métal auquel est relié à l'aide d'une corde un poids ou des objets semblant très lourds relativement. Serrant alors fortement les paupières et relevant la tête, la jeune fille soulève de cette étrange manière le fardeau à quelques centimètres du sol.

Les bâtonnets d'argent. — Les personnes qui s'introduisent dans les yeux les bâtonnets d'argent en font généralement leur métier ; ce sont souvent de pauvres diables qui vont de café en café, répétant leur tour pour quelques sous. D'autres fois l'expérience est exécutée par des prestidigitateurs : Robert-Houdin raconte dans ses mémoires que c'est une des premières qu'il sut exécuter. Nous l'avons vu également faire, à titre de curiosité, par un savant médecin de Nancy.

Voici comment opère un saltimbanque qui s'exhibe soit sur les places, soit sur les boulevards en temps de fête. Il tient à la main une soucoupe sur laquelle il y a deux ou trois petits cylindres d'argent de la grosseur d'une plume d'oie, c'est-à-dire ayant 5 à 6 millimètres de diamètre, d'une longueur de 11 à 12 millimètres environ; les deux extrémités en sont arrondies :

1° L'expérimentateur introduit un de ces petits bâtonnets entre le globe de l'œil droit et sa paupière, le bâtonnet disparaît complètement, on l'aperçoit faisant saillie sous la paupière, puis il descend davantage et devient dès lors absolument invisible; 2° ouvrant alors la bouche, l'individu montre le bâtonnet sur le bout de sa langue et l'extrait; 3° il place le bâtonnet dans l'œil gauche et le retire de l'œil droit, et sans y porter la main, par une simple contraction de la paupière; 4° il place le bâtonnet dans son nez et le retire de son œil gauche; 5° il place enfin le bâtonnet dans sa bouche et le retire des fosses nasales.

Dans ceci il y a naturellement un truc, truc qui tend à faire croire à la possibilité du passage d'un objet de l'œil dans la bouche, d'un œil dans l'autre, et de la bouche dans le nez, et réciproquement; or en réalité la chose n'est pas possible.

Il est parfaitement exact que le nez et la bouche sont en communication, les fosses nasales aboutissent en effet en haut du pharynx ou arrière-bouche; le fumeur qui rejette la fumée par le nez utilise cette communication; le souffleur du chalumeau qui respire par le nez et envoie par la bouche son souffle continu l'utilise également, mais en sens inverse. Quelquefois aussi, quand on avale de « travers », un effort violent fait rejeter par les fosses nasales un morceau d'aliment. La communication entre l'œil et les fosses nasales existe également; on peut même en voir l'ouverture au coin interne de chaque paupière, c'est le *conduit lacrymal;* cette ouverture sert, pour ainsi dire, de déversoir à la sécrétion des larmes et conduit celles-ci dans les fosses nasales. Si la sécrétion des larmes devient très abondante

comme dans la douleur, le conduit lacrymal ne suffit plus, les
larmes débordent et coulent sur les joues, la personne pleure.
Mais ce conduit est beaucoup trop étroit pour permettre le passage d'un objet du volume des petits cylindres' dont nous parlons ; de même la communication entre les fosses nasales et la
bouche, facile quand il s'agit d'une bouffée d'air ou de fumée,

Fig. 55. — Une pièce de 50 centimes introduite dans l'œil.

est extrêmement pénible et douloureuse quand il s'agit d'un
corps dur, quelque petit qu'il soit, et ne peut être qu'involontaire.
  En réalité l'expérimentateur s'introduit bien réellement un de
ces petits bâtonnets entre le globe de l'œil et la paupière et le
fait disparaître, c'est là toute la curiosité physiologique. Quand
il fait semblant de le retirer de sa bouche, c'est évidemment un
autre qu'il y avait dissimulé préalablement. De même quand il
place le bâtonnet dans son œil gauche et le retire de son œil droit,

il ne retire que le premier qu'il avait introduit dans cet œil, et il en est de même pour les autres expériences. L'illusion est, il est vrai, complète et c'est un côté intéressant du tour.

A un autre point de vue, on peut se demander comment cette insensibilité de l'œil peut être obtenue. Il y a d'abord à remarquer que l'œil, si sensible au contact des corps rugueux quelque petits qu'ils soient, l'est beaucoup moins à celui des objets parfaitement lisses et polis comme les bâtonnets d'argent, avec lesquels se fait l'expérience que nous venons de rapporter; de plus il y a une question d'accoutumance. Dans les opérations d'oculistique, le premier contact des instruments sur le globe de l'œil est surtout sensible et provoque une abondante sécrétion de larmes, puis peu à peu l'œil s'y habitue, et au bout de quelques instants le contact d'un instrument lisse sur la cornée opaque n'est plus douloureux, la partie transparente du globe de l'œil restant cependant toujours extrêmement impressionnable. La première introduction d'un bâtonnet d'argent dans la paupière doit être très pénible. Un second essai l'est un peu moins, et quelques jours d'exercices permettent d'arriver à une insensibilité complète de l'œil pour cette petite opération. Les prestidigitateurs qui peuvent s'introduire une pièce de 50 centimes, ou plus facilement de 20 centimes, entre la paupière et le globe de l'œil, n'ont également acquis ce talent de société qu'après quelques jours d'un apprentissage un peu douloureux au début (fig. 55).

Voici un autre exemple d'insensibilité de l'œil au contact de corps durs et d'un certain volume. Il s'agit de petits cailloux désignés généralement sons le nom de *pierres d'hirondelles*.

Les pierres d'hirondelles. — Les médecins de l'antiquité et du moyen âge attribuaient des propriétés curatives pour un grand nombre de maladies aux préparations à base d'hirondelles : c'était l'*hirondothérapie*, la cendre de jeunes hirondelles guérissait par exemple l'esquinancie mortelle; manger une hirondelle guérissait la fièvre quarte, une potion de cœur d'hirondelle ranimait une mémoire affaiblie. On trouve de plus dans le corps des petits certaines pierres qui guérissent de diverses maladies.

Celles que l'on trouve dans le nid préservent du rhume. Pline, Galien, Celse, vantent les vertus des *pierres d'hirondelles*, et les plus célèbres médecins du moyen âge ont copié leurs prédécesseurs en renchérissant sur leurs affirmations. Les hirondelles étaient réputées avoir le sens de la vue extrêmement développé : « Elles avaient le don de ne jamais perdre la vue, on pouvait leur crever les yeux impunément, il leur en repoussait d'autres à mesure », d'après Pline. Il en résultait, suivant la manière de raisonner qui était la base de la pharmacopée ancienne, que toutes les préparations à base d'hirondelles devaient être excellentes pour la vue de l'homme, pour les maladies d'yeux.

Or cette croyance s'est maintenue par tradition jusqu'à l'époque actuelle, et de nos jours dans bien des villages on raconte que les petites hirondelles naissent aveugles, leurs yeux étant recouverts d'une taie ; alors leur mère va chercher au loin un petit caillou doué de propriétés particulières qui, appliqué sur la taie, la fait disparaître immédiatement. C'est ce petit caillou qui guérit les maladies d'yeux et la cécité, que cherchent soigneusement les bonnes femmes quand un nid d'hirondelles a été abattu, ou est tombé par accident (fig. 54).

C'est là la légende, mais il est certain qu'il existe de petites pierres, soigneusement conservées dans certaines familles, qui possèdent des propriétés très curieuses par rapport à l'œil. Voici quelques faits dont nous avons été témoin relativement à l'une d'elles. Cette pierre était à peu près de la forme et de la grosseur d'une lentille ou d'une moitié de pois chiche. Elle semblait être en grès assez fin, elle était polie, arrondie au bord, mais cependant présentait une irrégularité assez grossière sur sa partie convexe.

Cette petite pierre était considérée dans la famille comme extrêmement précieuse, on la désignait sous le nom de « pierre d'hirondelle », mais elle avait été transmise de génération en génération et son origine était inconnue.

Voici quel était son usage.

Si par hasard un grain de poussière, un cil, un fétu se logeait dans l'œil et amenait les accidents ordinaires, gêne, douleur,

larmes, céphalalgie, immédiatement on avait recours à la « pierre
d'hirondelle » ; on la posait sur le coin de la paupière et, sitôt
qu'elle était en contact avec les larmes, elle se collait sur le globe
de l'œil et disparaissait sous la paupière. La douleur occasionnée
par le petit corps étranger cessait instantanément, et cela à la
joie et à l'étonnement de la personne qui essayait pour la première fois ce singulier remède. La pierre d'hirondelle, malgré
son volume, malgré l'anfractuosité de sa surface, n'occasionnait
elle-même aucune gêne, aucune douleur.

Les quelques pierres employées au même usage, dont nous avons
entendu parler, étaient d'une forme, d'un volume, analogues à celle
dont nous venons de parler, et leur action sur l'œil était la même.

On peut expliquer l'action de ces petites pierres, nous semble-
t-il, de la façon suivante : la pierre étant hygrométrique est attirée au contact des larmes sur le globe de l'œil par un simple
effet de capillarité. Ainsi mouillée, elle devient parfaitement lisse
et n'irrite ni la cornée de l'œil ni la muqueuse de la paupière.
De plus celle-ci se trouvant soulevée, le petit corps étranger n'est
plus pressé, n'irrite plus des surfaces avec lesquelles il était en
contact, la gêne cesse donc instantanément.

Quelle est l'origine de ces petites pierres si connues et cependant dont les services sont si appréciés par ceux qui y ont eu recours ? — Naturellement la légende des petites hirondelles qui
leur doivent la vue ne doit être considérée que comme une poétique fiction, n'ayant rien de réel. Ces pierres semblent être
simplement des concrétions calcaires que l'on trouve dans les
écrevisses à l'époque de leur mue, et qu'autrefois on employait
en pharmacie sous le nom « d'yeux d'écrevisses ».

Mais peut-être serait-il possible de trouver de véritables petits
cailloux jouissant des mêmes propriétés, et il est probable qu'un
expérimentateur dévoué qui consentirait à en essayer un certain nombre, de formes et de dimensions convenables, pris dans
une poignée de sable de rivière, en découvrirait quelques-uns
qui pourraient impunément être placés dans l'œil comme « les
pierres d'hirondelles ».

LES TIREURS

CHAPITRE XXXIII

LES TIREURS HABILES

Les surprises d'un néophyte. — Comment on devient habile tireur. — La chasse. — Les Kentuckiens. — Un tireur mexicain. — La chasse aux bêtes féroces.

Quand un jeune homme se présente pour la première fois dans un tir, son professeur lui explique que pour atteindre le but, il suffit qu'au moment où le coup part, l'œil, la coche, le guidon et le but se trouvent sur la même ligne.

Le néophyte prend l'arme, vise longtemps, presse la détente, le coup part et la balle va se perdre à 10 mètres de la plaque.

A côté de lui un tireur exercé, semblant ne viser qu'imparfaitement, atteindra à coup sûr le noir, et exécutera, en se jouant, de ces prouesses qui étonnent à juste titre les commençants, telles que doubler des balles, disposer les empreintes sur la plaque de façon à obtenir des trèfles, des carrés, des losanges, et cela, soit à la carabine, soit au pistolet.

Le tir est un art dont la théorie est simple et facile à comprendre, mais dans lequel la perfection ou simplement l'habileté est difficile à atteindre.

Cette habileté s'acquiert surtout par la pratique.

Les Américains qui, avec juste raison, cherchent à donner un caractère positif à leurs appréciations, estiment le talent d'un joueur de billard à la somme qu'il a dû dépenser pour arriver à ce résultat. « Slosson, disait un journal, a bien un talent de 10,000 dollars. » On pourrait de même caractériser l'adresse d'un tireur par le nombre de coups de feu qu'il a tirés antérieurement.

L'un des lauréats du concours de Vincennes de 1884 nous disait que chaque année il tirait, tant à balle qu'à plomb, une moyenne de huit à neuf cents coups de feu, et cela depuis environ vingt-cinq ans. — Soit un total de vingt-deux mille coups de feu.

Les tireurs ayant placé antérieurement dix, douze à quinze mille balles ne sont pas rares. Beaucoup de tireurs des concours de tir ont à leur actif un nombre plus considérable de coups de feu. Au tir au pistolet on rencontre souvent des amateurs plaçant chaque année deux ou trois mille balles.

Quant aux tireurs de profession tels qu'Ira Païne ou le docteur Carver, c'est quarante, cinquante ou soixante mille coups de feu qu'ils tirent chaque année ; ces chiffres expliquent leur merveilleuse habileté.

La chasse est en quelque sorte l'école des tireurs, et il est bien peu de lauréats de concours de tir qui ne soient chasseurs habiles et passionnés. Un des arguments des partisans de la liberté de la chasse en France, est l'adresse qu'acquiert le chasseur, adresse qui peut avoir une grande importance à un moment donné pour la défense de la patrie. Bien que les procédés aient changé, la chasse est maintenant comme autrefois l'école de la guerre.

Dans les pays encore à demi sauvages, comme le Far-West américain, le Mexique, une partie du Canada, là où on rencontre encore des bêtes fauves, où la chasse doit fournir une partie de la nourriture et où se trouve le chasseur de fourrures, le culte de la carabine est porté à l'extrême, l'adresse devient un honneur et l'exercice du tir est le jeu habituel de tout homme capable de porter une arme ; aussi rencontre-t-on dans ces pays des tireurs d'une habileté qui paraîtrait incroyable si elle n'était affirmée par de nombreux voyageurs.

Fig. 56. — Chasseur du Kentucky enfonçant, à 50 pas, des clous dans une planche, à l'aide d'une balle de fusil.
(D'après Audubon.)

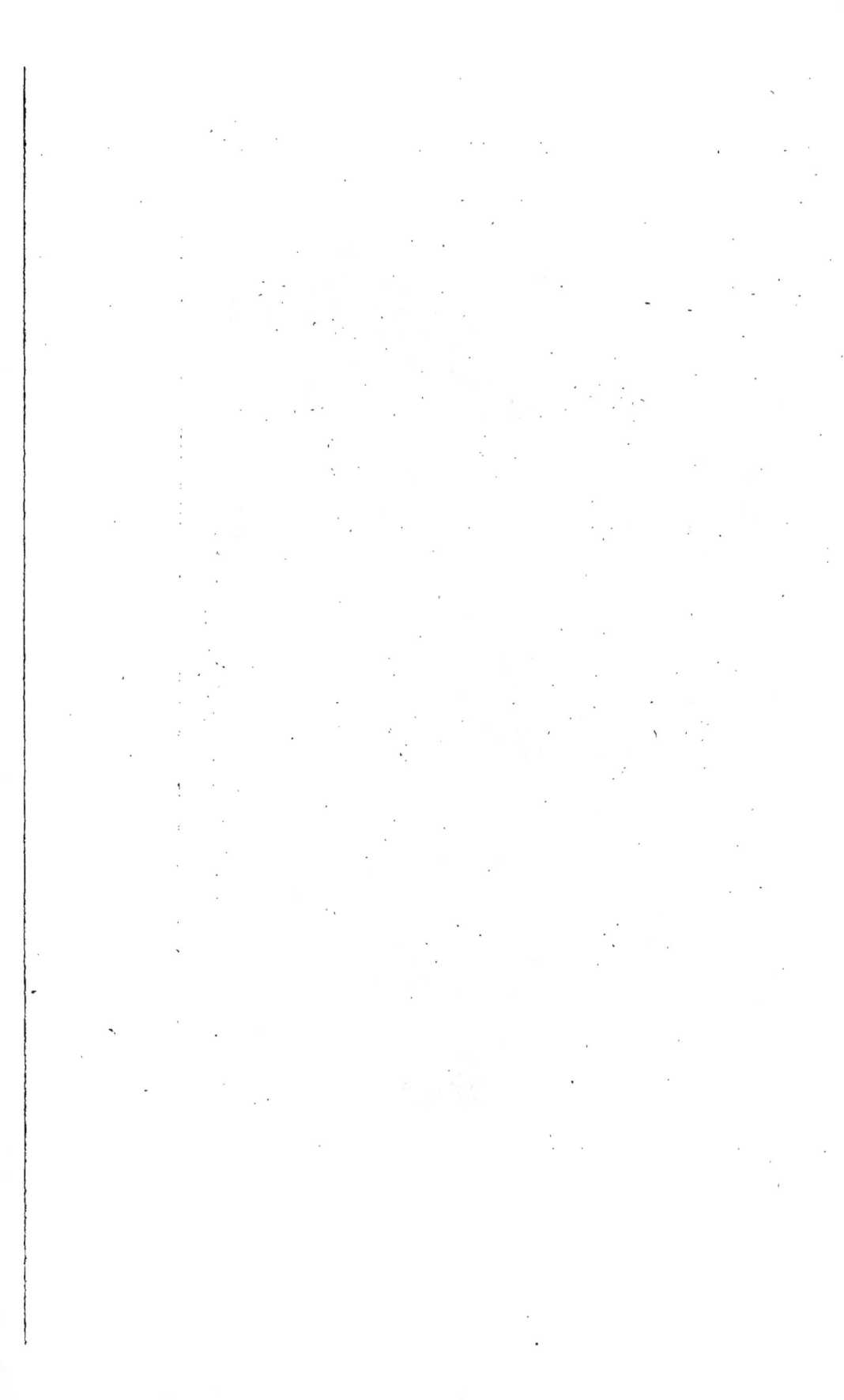

Le célèbre naturaliste Audubon raconte, par exemple, avoir été témoin, au Kentucky, des exercices de tir suivants :

Une forte planche est placée à une cinquantaine de pas des tireurs; au milieu se trouve, à moitié enfoncé, un clou d'une grosseur moyenne; la balle du tireur doit le faire pénétrer complètement. Or, presque toutes les balles atteignent la tête du clou, beaucoup ne font que la toucher sur les bords, ce qui n'a pour résultat que de courber la tige, mais un certain nombre de tireurs frappant de leur balle, avec une précision merveilleuse, le clou au milieu de sa tête et dans l'axe de sa tige, le font disparaître dans la planche (fig. 56).

A la première épreuve, tous ceux qui n'ont pas touché le clou sont éliminés; après la seconde, les tireurs qui n'ont fait que courber le clou se retirent à leur tour, la lutte ne se continue qu'entre ceux qui ont *enfoncé le clou*. Le vainqueur est salué par des hourras !

Le soir, les Kentuckiens s'amusent, toujours d'après Audubon, à *éteindre la chandelle*. — La chandelle est placée sur une table à 60 ou 70 pas des tireurs. Un homme est assis auprès, l'ayant à portée de sa main avec charge de la rallumer quand l'un des tireurs l'aura éteinte. Sa confiance dans l'adresse de ceux-ci est telle que les balles passent à 30 ou 40 centimètres de sa figure sans que cela l'émotionne. — Les bons tireurs coupent la mèche ou éteignent la flamme. Les maladroits manquent le but ou brisent la chandelle, ce qui provoque les moqueries de leurs camarades.

Voici un autre exercice des tireurs kentuckiens : un morceau d'écorce est coupé, puis fixé au tronc d'un arbre de façon à former une cible blanche. Le premier tireur le perce d'une balle au milieu; cette ouverture représente *l'œil d'un buffle*. Tous ses camarades tirent ensuite et font mouche dans l'œil ainsi obtenu, et c'est à peine si après dix ou douze coups l'ouverture faite par la première balle a été déformée ou agrandie.

Les jeunes lecteurs des romans de Fenimore Cooper et de Gustave Aymard ont tous été émerveillés de l'adresse à la carabine des trappeurs, boucaniers, chasseurs de fourrures. Or il paraît que cette merveilleuse adresse attribuée par les romanciers à leurs héros se rencontre, en effet, réellement chez quelques chasseurs américains.

Voici, par exemple, ce que nous a rapporté sur l'un d'eux un missionnaire revenant du Nouveau-Mexique :

Ce missionnaire traversait une rivière dans un canot manœuvré par deux Indiens; avec lui passait un chasseur de fourrures, vêtu de cuir et armé du légendaire rifle américain; il était réputé pour son adresse, en était très fier et ne demandait qu'à la faire voir. Un écureuil fut aperçu à l'extrémité d'une branche; le trappeur ajuste et, malgré les oscillations et le mouvement de translation du bateau, coupe la branche qui supportait l'animal, et tous deux viennent tomber dans les fourrés du rivage.

Dans ses chasses à l'écureuil il ne frappait jamais directement l'animal, ce qui eût abîmé sa fourrure, mais sa balle atteignait le sommet de la branche placé immédiatement au-dessous; le choc était assez violent pour tuer l'écureuil, qui du reste était projeté en l'air et venait tomber sur le sol.

A la suite d'un pari, ce chasseur exécuta, sous les yeux du missionnaire, le tour d'adresse suivant :

Placé à cinquante pas d'une cabane de bûcheron, en face la porte, il devait atteindre à balle un certain nombre d'oranges qui auraient été lancées à travers l'embrasure de cette porte. Une personne était placée dans la cabane et tenait une corbeille d'oranges, une autre à l'extérieur donnait le signal en comptant lentement un, deux, trois; l'orange projetée traversait l'embrasure, mais trois fois sur cinq elle vola en éclats, atteinte par la balle du tireur (fig. 57).

Les chasseurs qui attaquent des animaux à peau épaisse, comme l'éléphant, le rhinocéros, le caïman, visent l'œil, le point le plus vulnérable, et malgré le danger et l'émotion, l'atteignent fréquemment.

Dans la chasse aux animaux féroces, tigres, panthères, lions, on vise généralement soit le milieu du front, soit le défaut de

Fig. 57. — Tireur du Nouveau-Mexique, traversant d'une balle de fusil des oranges lancées à travers une porte. (D'après le récit d'un missionnaire.)

l'épaule, c'est-à-dire l'espace compris entre la base du cou et la pointe de l'épaule. Une balle pénétrant, en effet, par cet endroit a de grandes chances de rencontrer soit de grosses artères comme une des carotides ou l'aorte, ou encore le poumon, ce qui amène l'expansion du sang dans les cavités, et, par suite, l'étouffement rapide de l'animal. Elle peut encore atteindre le cœur; dans ce cas, la mort est presque instantanée. Avec une seule balle bien placée, l'atteignant dans ces régions, l'animal meurt ou est mis dans l'impossibilité de se défendre avant d'avoir pu se venger. — Au contraire, un lion ou un tigre, même avec plusieurs balles en plein corps, pourra parfaitement avant de mourir déchirer un ou plusieurs chasseurs et fuir à une distance considérable.

C'est grâce à leur sang-froid, à leur grande habileté à atteindre l'animal au front ou au défaut de l'épaule, et cela souvent dans l'obscurité, que les grands chasseurs de bêtes fauves, Jules Gérard, Bonbonnel, Pertuiset, ont dû leurs succès et leur répu-tation.

Un autre exemple d'adresse : dans les chasses réservées en France on rencontre souvent des gardes assez habiles pour choisir leur victime au milieu d'une compagnie de perdreaux, épargner les jeunes et les femelles, sacrifier les vieux mâles.

CHAPITRE XXXIV

LA PHYSIOLOGIE DU TIREUR. — L'ARME

L'adresse ; modifications qu'elle apporte dans nos organes. — Le sang-froid. — La vue. — Le choix de l'arme.

Cette adresse, résultant d'un exercice répété un grand nombre de fois, peut s'expliquer physiologiquement ; l'habitude et l'habileté ne sont en somme que le résultat d'une modification subie par nos organes.

A chaque fois qu'un muscle se contracte, il subit une modification dont une partie reste permanente ; c'est ce qu'on désigne sous le nom de « mémoire du muscle ». Le muscle exercé grossit, se développe, s'approprie au travail qu'on lui demande.

Si on exige, par exemple, d'un muscle un mouvement plus étendu que ceux auxquels il était habitué, il y a d'abord effort, tiraillement, tension pénible des fibres ; puis celles-ci, sollicitées un grand nombre de fois, se modifient, s'allongent, et par un travail organique « apprennent » en quelque sorte à se contracter sur une plus grande longueur. Si la position du tireur, qui semble pénible au débutant, est si aisée, si commode pour le chasseur exercé, c'est que les muscles de celui-ci se sont appropriés peu à peu à cette pose. — Cette modification des muscles résultant de l'habitude se retrouve dans tous les exercices du corps, dans l'escrime, l'équitation, la natation, etc. C'est elle qui donne à l'homme exercé cette aisance, cette solidité qui semblent au débutant impossibles à atteindre.

Les nerfs se modifient également sous l'influence de l'exercice ;

les nerfs moteurs, ceux qui ont pour mission de transmettre au muscle la volonté du cerveau, gardent aussi le souvenir des actions qu'on leur a fait transmettre, des corrections apportées par la volonté à tel ou tel mouvement pour le rendre plus précis, plus approprié à l'acte que l'on veut exécuter. C'est cette « mémoire des nerfs » qui nous débarrasse de la préoccupation de diriger et de surveiller nos mouvements quand nous répétons une action faite déjà un grand nombre de fois; elle nous permet d'agir par action réflexe, ce qui évite les hésitations, les tâtonnements. Toutes nos actions usuelles se font ainsi; nous marchons, nous courons, nous tenons à table notre couteau, notre fourchette, de telle ou telle façon sans y penser, par habitude, par action réflexe.

En somme, le tireur exercé tient son fusil, vise, tire avec aisance et sûreté, grâce aux modifications que l'exercice répété a apportées dans ses organes, grâce à la mémoire de ses muscles et à la mémoire de ses nerfs.

Les instructions sur le tir portent : « Le tireur doit se placer en face la cible, élever son arme lentement, l'appliquer fortement contre l'épaule en penchant le haut du corps en avant, puis l'arme n'obliquant ni à droite ni à gauche, le tireur fait passer le rayon visuel entre le fond du cran de la hausse et le sommet du guidon; la ligne de mire une fois prise, le tireur appuie le doigt sur la détente en ayant soin de retenir sa respiration, il fait partir le coup, conservant toujours le corps et la tête immobiles. Lorsque le coup est parti, le canon doit rester encore une ou deux secondes dans la direction du point visé. »

Cette dernière recommandation a pour but de remédier à une des causes d'erreur dans le tir : au manque de sang-froid.

Il y a en effet dans cet acte un moment décisif, c'est celui où, pressant la gachette, le coup part; or, à cet instant il n'est guère de tireur, quelque endurci qu'il soit, qui ne sente battre son cœur plus fort. Quant aux débutants, par une sorte d'instinct, ils relèvent leur fusil en même temps et envoient parfois la charge en l'air.

Quelques vieux chasseurs, dans le but d'apprendre aux néophytes à conserver leur sang-froid dans le tir, leur conseillent de viser posément le gibier au moment où il part, mais de ne pas presser la détente.

Diverses autres causes peuvent influer sur l'adresse des tireurs. — En premier lieu se place la vue. La vue se perfectionne par l'exercice ; l'habitude de voir de loin donne une puissance de vue qui peut sembler extraordinaire. .

Les montagnards distinguent un camarade à plusieurs lieues ; les chasseurs de chamois notamment ont le sens de la vue développé à l'extrème. Le marin perçoit la forme, la voilure, la nationalité d'un navire, alors que le passager n'aperçoit qu'un point noir. L'Arabe sait distinguer un ami d'un ennemi qui surgit à l'horizon. — Wrangel, dans son *Voyage à la mer Glaciale*, parle d'un Yakoute qui distinguait les éclipses des satellites de Jupiter. Humboldt, dans son *Cosmos*, cite un tailleur de Breslau qui percevait ce même phénomène.

Il est évident que les personnes douées d'une pareille acuité de vue distinguent, dans le tir, la cible ou le gibier d'une façon plus nette, plus distincte, que ne pourrait le faire un individu doué d'une vue ordinaire, et que c'est là un grand avantage pour l'adresse au fusil ou à la carabine.

Certaines personnes voient les objets éloignés avec une déformation plus ou moins sensible. Cela tient généralement à une légère irrégularité dans la courbure de la cornée ou dans celle d'une des faces du cristallin ; le docteur Javal a notamment inventé un très curieux appareil pour déterminer ces déformations de l'œil. Ce défaut, qui n'a que très peu d'inconvénients dans la vie ordinaire et passe inaperçu, contribue probablement à ces erreurs de tir, à ces « tics » qui font qu'un tireur place, par exemple, ses balles toujours trop à droite ou trop à gauche, ou encore trop haut ou trop bas. Le tireur qui connaît son « tic » y remédie en visant la cible du côté opposé à celui qu'il a une tendance à atteindre.

L'arme a naturellement une importance considérable dans la justesse du tir ; ainsi d'une façon générale on sait que les armes

rayées et de petit calibre portent plus loin et plus juste que les
armes de gros calibre et à canon lisse. Mais, indépendamment du
genre d'arme, quand un tireur a adopté un fusil ou une carabine,
qu'il en connaît les qualités et les défauts, que ses mouvements
se sont appropriés à sa forme, c'est de cette arme que dépend son
adresse, et il a pour elle la même affection que le marin pour son
navire, l'ouvrier pour son outil, le mécanicien pour sa machine.

Les choix des tireurs sont très variables : les uns aiment les
armes légères se manœuvrant aisément et sans fatigue, tandis
que d'autres préfèrent des armes lourdes, trouvant qu'elles
s'épaulent mieux, qu'elles préservent de mouvements brusques
et donnent plus de précision au tir. M. Pertuiset, le célèbre chasseur et tireur, aussi remarquable par sa force que par son adresse,
se sert d'une carabine pesant de 25 à 30 kilogrammes, et que lui
peut prendre par le canon et enlever horizontalement à bout de
bras.

Au sujet de la crosse des armes, il y a une grande divergence
d'opinion entre les tireurs : les uns préconisent la crosse droite,
les autres la crosse recourbée, les uns les crosses longues, les
autres les crosses courbes.

La crosse recourbée comme celle des anciens fusils français
donne peu de recul, la crosse droite anglaise en donne davantage.
« Si la crosse est trop droite, dit M. de la Blanchère, vous êtes
amené à relever le canon et vous risquez de porter au-dessus. Si
la crosse est trop courbe, le coup baissera et vous manquerez à
plaisir ; si elle est trop longue, vous tendrez le bras et le coup
baissera également. »

En principe la crosse doit être appropriée au tireur, et cette
appropriation a une grande importance au point de vue de la
commodité et par suite de la justesse du tir. Il en résulte que
toutes les armes de guerre fabriquées en grande quantité sur un
modèle uniforme ne conviennent qu'à des hommes moyens et
sont d'un maniement incommode pour les individus s'éloignant
de la moyenne, soit en plus petit, soit en plus grand. Dans ce cas

c'est l'homme qui doit s'approprier à l'arme et non celle-ci au tireur.

La sensibilité *de la gâchette* est aussi à considérer. Plus la gâchette est sensible, plus il y a de chances pour que l'arme reste immobile au moment où le coup part. Si la détente est dure, il se produit toujours, au moment où le ressort agit, une secousse qui peut faire dévier l'arme. C'est pour cela que la plupart des carabines de précision ont une détente demandant une pression très faible, ordinairement moindre qu'un kilogramme. — En Suisse, par exemple, beaucoup de tireurs se servent d'armes dont la détente est réglée à 100 ou 200 grammes, la plus légère pression du doigt provoque la détonation. — Alexandre Dumas, qui était excellent tireur, raconte que dans un concours fédéral il voulut donner aux Suisses une haute opinion de son talent : on lui passe une arme, il l'épaule, mais à ce moment le coup part et la balle passe à 20 mètres au-dessus du but, à la grande joie de ses concurrents. Mais quand on lui eut montré la sensibilité de la détente de son arme, il prit sa revanche et sauva sa réputation.

Le fusil de guerre français actuel a la détente réglée à 2 kilogrammes de pression.

Quelques tireurs aiment les détentes dures ; ainsi l'un des lauréats de Vincennes se servait d'une carabine dont la gâchette ne cédait qu'à une pression de 3 kilogrammes.

Le tireur doit être familiarisé avec l'arme dont il se sert. Il doit en connaître les qualités et les défauts. Un tireur qui change d'arme éprouve toujours une certaine hésitation. C'est qu'il existe toujours entre les fusils, même quand ils sont fabriqués mécaniquement, de petites différences, qui se transforment en défauts de justesse dans le tir. Ces défauts, qui sont peu importants quand il s'agit de viser de grandes masses comme à la guerre, deviennent capitaux dans le tir de précision, quand il s'agit, par exemple, comme nous le verrons plus loin, en parlant du tir de Vincennes, d'atteindre à 200 mètres une cible de 30 centimètres de large, cachée complètement à la vue par une tête d'épingle tenue à 33 centimètres de l'œil.

La charge, la propreté de l'arme, les influences atmosphériques, le vent, la pluie, ont aussi leur importance dans le tir de précision, et les tireurs exercés en tiennent soigneusement compte :

Pour une même arme une quantité donnée de poudre, toujours de qualité identique, placée dans les mêmes conditions, donnera à la balle une impulsion telle, qu'elle décrira à chaque coup la même trajectoire, si la hausse est calculée pour cette trajectoire; on conçoit qu'une charge plus forte, faisant parcourir à la balle une courbe se rapprochant davantage de la ligne droite, faussera les indications de la hausse ; une charge moindre arrivera au même résultat mais dans un sens inverse ; le soin qu'apportent les tireurs à avoir constamment des cartouches identiques ou à charger leur arme toujours de la même façon se justifie donc amplement.

L'influence de la pluie et du vent est trop évidente pour avoir besoin d'explication.

Il est une autre cause d'erreur dont on se rend plus difficilement compte et qui cependant a été signalée un trop grand nombre de fois pour ne pas être admise comme réelle. Quand la cible se trouve par rapport au tireur de l'autre côté d'une rivière, d'une vallée humide, d'un marécage ou simplement d'une prairie irriguée, on constate presque toujours une déviation dans le tir.

On a appliqué à ce fait diverses explications; la plus simple, à notre avis, c'est que le rayon visuel du tireur se trouve dévié, réfracté, par la couche d'air chargée d'humidité qui se trouve devant la cible; celle-ci n'est plus aperçue où elle se trouve réellement, de là une cause d'erreur dont les résultats peuvent étonner le tireur pour lequel elle est inconnue, qui se croyait sûr de lui-même, et qui peut dans ce cas être amené à douter de son habileté.

CHAPITRE XXXV

LE TIR MILITAIRE

L'effet moral du tir. — Ce qu'il faut de plomb pour tuer un homme. — Le tir de précision. — Les compagnies franches. — Le sifflement des balles.

Le tir militaire. — Le tir n'est pas seulement un sport, un jeu, un exercice où l'on montre son adresse, grâce auquel on peut, à la chasse, abattre du gibier ; il joue, comme on le sait, un rôle prépondérant dans les luttes entre les peuples, c'est-à-dire dans les guerres. Dans les combats modernes, en effet, les luttes corps à corps tendent à être remplacées par ce qu'un général appelait « des échanges de projectiles », c'est-à-dire des luttes au fusil ou au canon.

A la guerre, on recherche à la fois un résultat matériel qui est de mettre le plus possible d'adversaires hors de combat, et un résultat psychologique qui est d'effrayer l'ennemi et de rassurer les hommes de son côté. — Le tir avec les armes de guerre peut être envisagé à ce double point de vue. Prenons, par exemple, le canon. Le nombre des tués ou blessés par les boulets ou obus est peu considérable relativement à celui des hommes atteints par les balles, et cependant le sifflement des obus, la menace de ces énormes projectiles, le bruit qu'ils produisent en éclatant derrière, à gauche, à droite du point où l'on se trouve, les exemples du nombre de tués et de blessés par un seul projectile éclatant au milieu d'une compagnie, font que cette menace de chaque instant effraye les hommes et les démoralise.

A l'autre extrémité de la trajectoire, c'est-à-dire du côté du canon, l'effet est inverse. Le canon rassure les combattants, le fantassin se sent protégé par cet engin à la voix puissante, et mesure les ravages qu'il doit faire dans les rangs ennemis au bruit qu'il fait près de lui. Si un bataillon d'infanterie faiblit, il suffit de placer à côté une ou deux pièces d'artillerie pour le voir immédiatement se rassurer.

Il en est de même avec le fusil. On sait que le nombre de coups de fusils tirés pour atteindre un homme est considérable. Le maréchal de Saxe disait que la destruction d'un homme dans une bataille exigeait autant de plomb que le poids de son corps. Gassendi, qui traita la question en mathématicien, trouva que le poids du plomb dépensé dans un combat était toujours de beaucoup supérieur au poids des hommes tués. Le même calcul a été fait pour les temps modernes. Ainsi, d'après M. de Chesnel, « il aurait été tiré du côté des Autrichiens à la bataille de Solférino 8,400,000 coups de fusil, et on évalue à 2000 tués et 10,000 blessés la perte que le feu de l'infanterie a fait éprouver à l'armée franco-sarde. Chaque soldat blessé aurait donc coûté 700 coups de fusil et chaque mort 4,200. Or, comme le poids moyen des balles était de 30 grammes, il aurait fallu au moins 126 kilogrammes de plomb par homme tué. » En sorte que, pour cette bataille, l'évaluation du maréchal de Saxe resterait au-dessous de la réalité.

Pendant la guerre franco-allemande le nombre des cartouches dépensées par les Allemands a été de 30 millions, celui des coups de canon de 362,000, et du côté des Français le nombre des blessés ou des morts de leurs blessures a été de 35,000 environ. En déduisant approximativement le nombre de tués par les obus, on obtiendrait un mort par 12 ou 1300 coups de fusil (fig. 58). Cette proportion semblerait indiquer beaucoup plus de précision dans les armes de guerre moderne, le fusil à aiguille, que dans la carabine autrichienne. Malgré cela la quantité de balles dépensées est énorme, relativement au résultat acquis.

Voir en effet mille ou deux mille balles dirigées sur un groupe
d'individus avant qu'un seul ne tombe mortellement atteint
semble extraordinaire ; cela tient à ce que le soldat tire presque
toujours sans viser. Ce fait était surtout sensible avec l'ancienne
tactique, les tireurs réunis en ligne de bataille tirant à feu de
peloton ou à tir à volonté, bientôt la fumée masquait l'adversaire et le tir se faisait absolument au hasard. La préoccupation
du soldat était de tirer le plus rapidement possible.

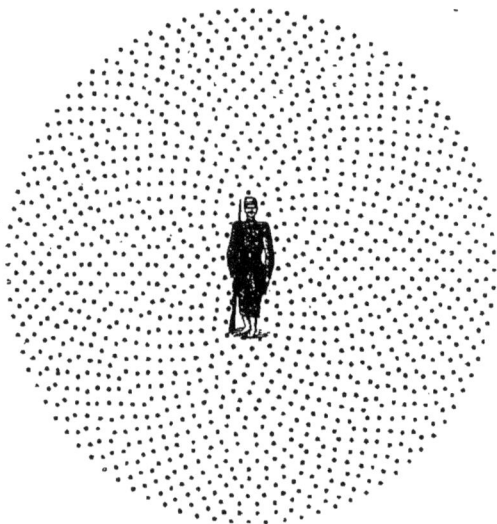

Fig. 58. — Ce qu'il a fallu de balles de fusil (1300) pour tuer un soldat pendant
la guerre franco-prussienne.

Il en résultait que presque toutes les balles passaient au-dessus
de la tête de l'ennemi, la tendance étant toujours de tirer trop
haut. Cette tendance, du reste, a été remarquée depuis longtemps ; la canne des sergents des gardes françaises servait primitivement à incliner les fusils de la compagnie, de façon à
baisser la ligne moyenne du tir (voir figure du frontispice).
Pendant la guerre 1870-71, les officiers allemands employaient
le même moyen, et de leur sabre pesaient sur l'extrémité des
fusils de leurs hommes.

Le tir par ordre dispersé est beaucoup plus efficace. Si le tirailleur est isolé, livré à son initiative, abrité plus ou moins par un talus, quelques pierres, un repli de terrain, il prend mieux le temps de viser; mais la proportion des balles perdues est encore très grande.

Un officier nous racontait dernièrement que pendant la guerre franco-allemande, il s'était trouvé avec une compagnie de chasseurs en face d'une seule vedette prussienne à cheval, placée sur un mamelon découvert à 250 ou 300 mètres. Or, pendant plus d'un quart d'heure cette vedette servit de cible aux chasseurs, 400 coups environ furent tirés, à la fin le cheval fit un bond, se cabra et s'abattit, entraînant son cavalier. Une balle venait de l'atteindre. Or il est à remarquer qu'un tireur exercé, connaissant bien son arme, serait arrivé au même résultat du premier ou tout au moins du second coup.

Il y a actuellement parmi les officiers français un groupe qui grossit peu à peu et qui préconise le remplacement des gros bataillons, des armées nombreuses par de petits groupes composés d'habiles tireurs, constamment exercés, robustes, excellents marcheurs et d'une grande résistance à la fatigue. Le soldat ne vaut à la guerre que par le résultat qu'il peut produire. Un tireur pris au hasard dans les lauréats du concours de Vincennes, plaçant à 200 mètres au moins une balle sur trois dans une cible de $0^m,30$, vaudra à lui seul le nombre d'hommes nécessaire pour tirer assez de balles pour arriver au même résultat. Une compagnie formée des premiers lauréats du concours pourrait anéantir une armée.

On sait que le général Lewal propose un système mixte : la création des compagnies franches, composées d'hommes choisis par sélection, dans l'armée, comme tireurs et marcheurs, robustes, bien constitués. Ces compagnies lancées en avant harcèleraient l'armée ennemie et pourraient lui faire le plus grand mal. Derrière, au loin, viendra le gros de l'armée avec ses longs convois, ses bagages et sa marche lente et compliquée.

Pendant la guerre franco-allemande, les compagnies de francs-tireurs ont montré ce que pouvait faire l'habileté du tir, la résistance à la fatigue et l'audace. On sait que beaucoup d'entre eux avaient l'habitude de faire une coche à la crosse de leur arme à chaque ennemi abattu. Or, quelques-unes de celles-ci avaient 15, 20, 25 de ces coches.

Serait-il impossible de trouver sur tout le territoire de la France 2000 individus capables de parvenir à ce même résultat? Or, pendant la campagne 1870-71, les pertes des Allemands n'ont été que de 28,000 hommes tués environ, c'est-à-dire près de la moitié de ce que ces 2000 tireurs d'élite auraient pu obtenir.

Ces faits démontrent suffisamment, nous semble-t-il, l'importance de la justesse du tir dans les guerres.

Un mot de l'effet psychologique du tir au fusil. Le sifflement d'une balle paraît toujours plus rapproché qu'il ne l'est réellement. « Les balles nous sifflaient aux oreilles, » disent les troupiers dans leurs récits. — Ce sifflement produit sur les plus braves, les plus aguerris, une impression désagréable bien caractérisée par « froid dans le dos », et cette impression peut être assez vive, quand elle est répétée, pour démoraliser et même affoler des troupes aguerries, mais qui ne sont pas encore échauffées par le combat. En voici un exemple :

Le colonel russe Kouropatkin raconte que, pendant la dernière guerre russo-turque, les Turcs, munis d'armes supérieures à la carabine russe, criblaient de balles les colonnes russes qui s'avançaient en rangs serrés et ne devaient tirer qu'à moins de 600 mètres. « Or, dit le colonel, lorsque l'épuisement des forces physiques, l'ébranlement des nerfs obligeaient nos troupes à s'arrêter en chemin, elles se couchaient non sur les points qui eussent été les plus favorables, mais simplement dans les endroits où elles étaient domptées par cette sorte de crise. — Des fractions étaient arrêtées, les unes à 100, les autres à 40 pas de l'ennemi, sur des terrains complètement découverts, quand elles avaient en avant ou en arrière d'excellents couverts où elles auraient pu s'abriter. »

Il arrive aussi parfois avec les armes à grande portée que des réserves placées loin du champ de bataille, abritées derrière une colline, ne sachant pas ce qui se passe de l'autre côté, et dont le devoir est de se reposer, de manger et de dormir afin de se tenir fraîches pour le moment où elles auront à donner, soient prises tout à coup d'alerte par suite du sifflement des balles passant au-dessus de leurs têtes et dont la trajectoire a contourné la colline qui les sépare du lieu du combat. Ce sifflement agissant sur le soldat au repos le préoccupe, l'énerve et fait qu'il ne paraîtra sur le champ de bataille que démoralisé, fatigué, « défraîchi. »

Ce fait s'est présenté plusieurs fois pendant la guerre 1870-71, notamment à Saint-Privat du côté des Allemands, à Sedan du côté des Français.

De l'importance prépondérante du tir au fusil dans la guerre, découle l'importance de cet exercice en temps de paix. L'apprentissage du tireur demande un temps très long. Ce fait démontre l'utilité de toutes les institutions créées en vue de cet apprentissage, telles que tirs, sociétés, concours, écoles.

CHAPITRE XXXVI

LES CONCOURS DE TIR

Les tireurs suisses. — Les tireurs tyroliens. — Les sociétés de tir françaises. — Les concours de Vincennes.

Les concours de tir. — Les concours ont une grande influence sur le perfectionnement du tir et sur la vulgarisation de cet exercice. Le tir, en effet, ne devient un jeu, un plaisir, que s'il a lieu devant un public. L'habile tireur ne se contente pas de sa satisfaction personnelle ; son plaisir est doublé s'il surpasse des concurrents, si son adresse a des témoins, si ses exploits excitent un murmure d'admiration ou quelques exclamations flatteuses. La vanité des chasseurs est passée en proverbe ; le désir de se distinguer, d'être plus habile que ses confrères, est également porté à l'extrème chez le tireur à la cible. Les concours de tir réunissent toutes les conditions propres à exciter cette émulation ; aussi un grand nombre d'exemples, soit contemporains donnés par d'autres nations, soit pouvant être pris dans l'histoire de notre pays, montrent les excellents résultats qu'ils peuvent donner. Ainsi les tireurs suisses, dont la réputation est universelle, doivent leur adresse à la multiplicité des concours et des sociétés de tir existant dans leur pays. Ces sociétés, au nombre de mille environ, comptent plus de 35 000 membres. La plupart se réunissent chaque dimanche, mais ces réunions ne sont pour ainsi dire qu'une préparation en vue du grand concours fédéral bisannuel qui est en quelque sorte la vraie fête patriotique du pays. Chacun, quel que soit son âge, sa profession, son sexe, s'y intéresse ; on se prépare longtemps à l'avance. Les dons affluent, dons en argent et dons en nature. Pendant toute la durée du concours, la ville où il se tient est en fête et est littéralement envahie par les tireurs et les curieux. Les vainqueurs proclamés, leurs noms deviennent populaires, les journaux les publient, ils circulent de bouche en bouche, ce sont les véritables héros du jour. Il en résulte que chaque tireur suisse, pour atteindre cette gloire, pour arriver à ce triomphe qu'il voit en rêve, essayera de perfectionner son talent, étudiera son arme, corrigera peu à peu ses propres défauts, mettra dans le tir une passion, un intérêt extrêmes, et arrivera ainsi à une précision, une justesse de tir qu'il n'aurait pas cherché à atteindre sans cela.

L'origine de l'habileté héréditaire des tireurs suisses est assez singulière. La Suisse avait autrefois coutume de fournir aux diverses nations de l'Europe des soldats mercenaires. Or dans le prix d'engagement de ces soldats, la qualité des engagés et principalement leur habileté au tir, primitivement à l'arc et ensuite à l'arquebuse, entrait en compte. L'intérêt qu'avait la Suisse à fabriquer des soldats aussi bon tireurs que possible est l'origine des sociétés de tir de ce pays.

Une autre partie de l'Europe est célèbre par ses sociétés de tir, c'est l'Autriche-Hongrie. Dans la région montagneuse de la haute Autriche notamment, chaque village a sa société se réunissant le dimanche. Les tireurs sont armés de longs fusils très lourds, transmis pour la plupart de père en fils depuis plusieurs générations, ayant été autrefois à pierre, puis mis à piston et portant avec une précision extraordinaire entre les mains de celui qui les connaît. La charge est l'objet d'un soin spécial de la part du tireur, la poudre est scrupuleusement mesurée, la balle a été pesée et toute balle qui n'atteint pas le poids exact est refondue comme contenant des bulles d'air ; n'étant pas homogène, elle serait susceptible de dévier. La balle est enveloppée dans un petit morceau de vieux linge et, particularité singulière, les vieilles chemises sont surtout recherchées pour cet usage. La distance de la cible est ordinairement de trois cents pas, le tireur a six ou sept coups d'essai pour se faire la main. Dans une après-midi, chaque tireur place généralement de soixante à quatre-vingts balles. Le tir se fait également sur une cible mobile, un cerf mécanique qui fait d'énormes bonds. D'autres fois la cible est placée sur une élévation ; le tir est alors oblique et la difficulté beaucoup plus grande que dans le tir horizontal. La fête se termine par la distribution des prix aux lauréats sous le patronage des notables, et, détail curieux, le tireur qui s'est le plus distingué par sa maladresse est obligé de venir recevoir un prix spécial, et cela au milieu des rires et des quolibets de la foule.

Les montagnards du Tyrol et de la Styrie sont particulièrement renommés pour leur adresse (fig. 59). L'institution des sociétés de tir est très ancienne en Autriche, et la France a eu occasion d'apprécier leur influence : on se rappelle que lors de l'invasion de l'Autriche par les troupes du premier empire, les montagnards donnèrent le signal du soulèvement en jetant des cendres dans les cours d'eau ; partout où celles-ci furent aperçues, les sociétés se réunirent et formèrent ainsi des compagnies de tireurs francs qui vinrent harceler l'armée française.

Actuellement il y a en France environ 1200 sociétés de tir, mais la plupart n'emploient que des armes à petite portée système Flobert ou ses dérivés. Il n'existe que 250 à 300 sociétés de tir à longue portée. Aucun lien ne réunissait ces sociétés entre elles, les tireurs habiles n'avaient qu'une gloire locale et ne pouvaient se mesurer entre eux. C'est cette lacune qu'a voulu combler la Ligue des patriotes en organisant de grands concours nationaux de tir, dont le premier a été le concours de Vincennes de 1884.

On sait que ce concours a duré du 31 août au 21 septembre. Le nombre des coups de feu tirés pendant ces 22 jours a dépassé un demi-million (555 907). Le nombre des tireurs a été de 31 802. Nous donnons le fac-similé des cartons des meilleurs tireurs. Quand on songe à la distance à laquelle ces résultats ont été

Fig. 59. — Tireur Styrien.

obtenus, 300 mètres pour les grandes cibles et 200 mètres pour

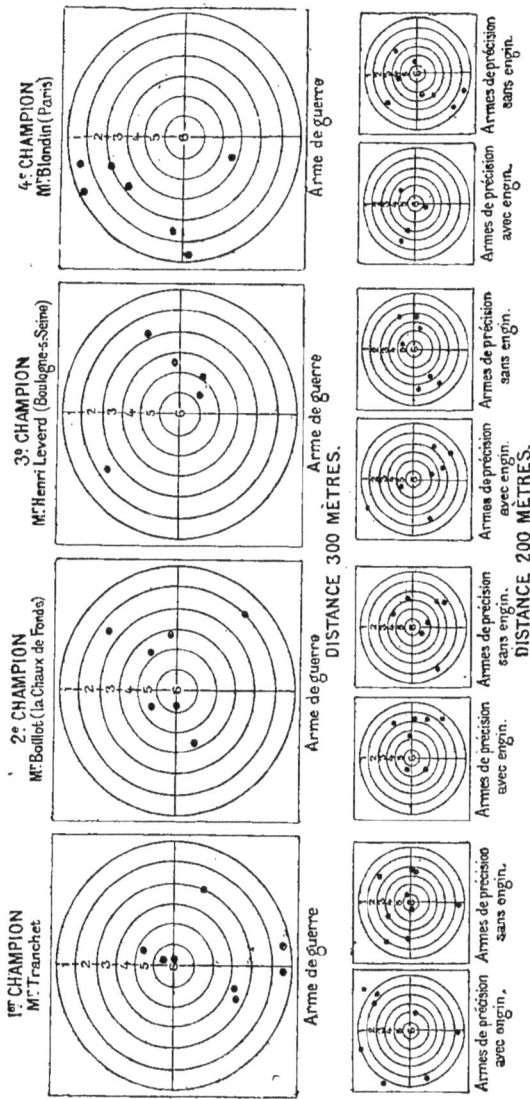

Fig. 60. — Reproduction à une petite échelle des cartons du concours de Vincennes, en 1884. — Le diamètre des grands cartons, représentés figure 1 et figure 2, est de 0m,60 ; celui des petits est de 0m,30.

les petites, on ne peut qu'avoir une profonde admiration pour l'adresse de ces tireurs. Quelques-uns de ces cartons sont particulièrement à remarquer par le faible écart latéral que présentent les empreintes (fig. 60).

Les renseignements officiels publiés sur le concours ne permettent pas d'apprécier la valeur des différentes armes employées, ni la tendance des tireurs à adopter tel ou tel genre d'armes ; mais d'une façon générale on a pu voir qu'un grand nombre de tireurs se servaient de la carabine Martini. La perfection des armes de précision, dont on peut comparer quelques-unes à de véritables instruments de physique dans lesquels tout a été calculé, prévu, et les moindres écarts rectifiés, a été aussi très remarquée.

L'utilité de ce qu'on appelle les « engins » a eu une fois de plus l'occasion de s'affirmer d'une façon évidente ; on sait que ces engins se composent soit de mires réduites à l'état de pointes d'aiguilles, de hausses dans l'ouverture desquelles se trouve un réticule de fils comme dans une lunette astronomique, de « tunnels », sorte d'anneaux espacés le long du canon et conduisant le regard de façon à obtenir facilement la ligne de tir, de « champignons » qui consistent en une poignée placée sous le canon et qui permettent de tenir le coude gauche appuyé sur le corps. Dans le même ordre d'idées on doit signaler aussi un bourrelet fixé à une ceinture ; ce bourrelet, placé sur le côté gauche, permet au coude de s'appuyer et donne à l'arme une stabilité plus grande. Beaucoup de ces appareils seraient trop délicats pour être adaptés aux armes de guerre, en raison de la tactique actuelle. Dans les concours, l'emploi des armes avec engins est considéré comme moins glorieux, comme exigeant moins d'adresse de la part du tireur. Il nous semble au contraire que tout ce qui favorise la justesse de l'arme, l'adresse ou la commodité du tireur, ne saurait être trop encouragé et favorisé. Les reproductions ci-contre des cartons du concours de Vincennes indiquent les champions qui ont remporté les prix. Les points noirs marqués sur nos diagrammes (fig. 1 et 2) montrent la place des balles, et les noms des lauréats sont indiqués à chaque figure.

Le concours de Vincennes a démontré que le goût du tir est extrêmement développé en France, et si un pareil concours est institué chaque année, il aura sans nul doute pour effet d'exciter l'émulation des tireurs, de développer le goût des armes, de former en un mot des générations habiles et exercées prêtes à tout événement. Son but a donc été éminemment patriotique, et on doit en être reconnaissant à ses organisateurs.

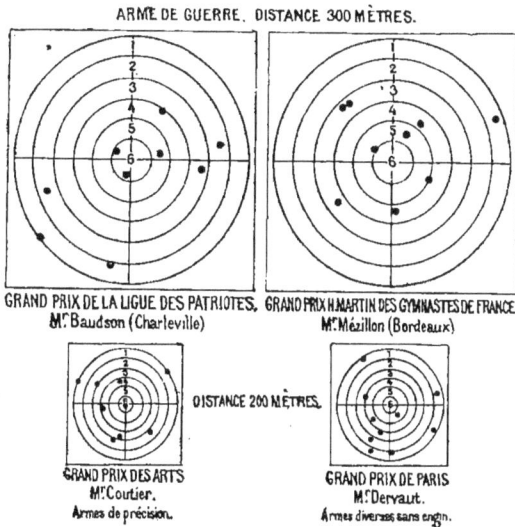

ARME DE GUERRE. DISTANCE 300 MÈTRES.

GRAND PRIX DE LA LIGUE DES PATRIOTES. M. Baudson (Charleville)

GRAND PRIX H.MARTIN DES GYMNASTES DE FRANCE. M. Mézillon (Bordeaux)

DISTANCE 200 MÈTRES.

GRAND PRIX DES ARTS M. Courtier. Armes de précision.

GRAND PRIX DE PARIS M. Dervaut. Armes diverses sans engin.

Fig. 61. — Autres cartons du concours de Vincennes.

Pour augmenter la valeur de notre armée au point de vue du tir, M. le chef de bataillon Henry Lambin a proposé un système qui consisterait « à placer de droit dans la deuxième portion du contingent tout conscrit qui aura satisfait avant le tirage au sort aux épreuves d'un concours public de tir, dont les conditions et le programme seront déterminés chaque année par le ministre de la guerre. » Il y a là, au point de vue du développement du goût du tir et de l'adresse des tireurs, une excellente idée sur laquelle on ne saurait trop appeler l'attention. Le premier résultat de son adoption serait incontestablement de multiplier à l'infini en France les sociétés de tir et les stands.

CHAPITRE XXXVII

LES TIREURS DE PROFESSION

Les stands. — Les stands, les tirs, soit institués par des sociétés, soit établis dans un but de spéculation, sont de véritables écoles de tir, et il n'est pas jusqu'au simple tir de salon à la carabine Flobert qui n'ait son utilité. Ce genre de tir sert ordinairement de début aux jeunes tireurs ; il les familiarise d'abord avec une arme à réaction modérée et peu bruyante, et les prépare à aborder le pistolet de tir ou la carabine à longue portée.

Dans ces tirs Flobert, on rencontre des personnes d'une extrême habileté, on en voit qui écornent des pipes, mutilent avec art des poupées de plâtre, brisent par tronçons des tuyaux de pipe, font des figures géométriques sur les cartons ou sur la plaque. Nous avons vu un gentleman anglais enlever d'une balle à la carabine Flobert une pièce de 50 centimes tenue entre le pouce et l'index de la patronne du tir. Ce même tour d'adresse est exécuté aussi par une actrice parisienne, Mlle L..., qui, ayant établi une cible dans son salon, enlève un louis entre les doigts de sa cameriste.

Dans les tirs au pistolet, les patrons montrent aux débutants des cartons conservés comme trophées, véritables merveilles pour les jeunes tireurs qui en sont encore à la poupée de plâtre.

L'adresse de certains tireurs au pistolet est restée légendaire ;
on cite notamment M. d'Houtetot, qui s'amusait à couper la tige
d'une fleur à vingt-cinq pas. On se rappelle les prouesses, plus
ou moins réelles, du chevalier de Saint-Georges, qui clouait,
paraît-il, le bonnet de coton d'un cabaretier sur son enseigne
et cela en mettant dans son arme, au lieu d'une balle, un clou
de fer à cheval. Des tireurs atteignent presque à coup sûr une
pièce de 10 centimes jetée en l'air. On parle même d'un tireur
qui, jetant une pièce de 1 franc, l'atteignait avec une telle précision qu'il ne laissait retomber qu'un anneau d'argent ; mais ce
fait paraît appartenir à la légende. M. le prince de Bibesco
exécute une très jolie expérience : il perce au centre des assiettes
envoyées en l'air à quinze pas de lui, et réussit plusieurs fois
de suite ce remarquable tour d'adresse. La balle, dans ce cas,
au lieu de briser l'assiette, la traverse en ne laissant qu'une
étroite ouverture, et cela, comme on sait, grâce à un effet curieux
d'inertie. Voici du reste une autre jolie expérience basée également sur l'inertie : on pose sur le goulot d'une bouteille un
bouchon à champagne et sur celui-ci une pièce de monnaie, un
louis ou une pièce de 50 centimes. Cette bouteille étant placée
sur une table à quelque distance du tireur, celui-ci fait feu,
atteint le bouchon qui vole au loin ; quant à la pièce, elle a disparu. On la retrouve dans la bouteille.

Dans tous les tirs, on rencontre des amateurs qui cassent à
coup sûr le tuyau d'une pipe, et cela, sans hésitation, sans
aucun manque, et en indiquant même l'endroit précis où leur
balle frappera ; de là à enlever une pipe tenue dans la bouche
d'une personne complaisante, comme le faisait le vieux général
dont on parle dans tous les traités de tir, il n'y a qu'un pas en
apparence ; pour certaines personnes même peu impression-
nables, la différence est énorme ; il se dresse une difficulté
psychologique qui mérite quelque attention. On sait que, généralement, les duels au pistolet sont moins dangereux que les
duels à l'épée ; cela tient en partie à l'impression que ressentent
la plupart des duellistes quand ils se trouvent pour la première

fois avoir à tirer sur une personne isolée, à une courte distance, et cela indépendamment de tout sentiment de crainte personnelle. Souvent ce trouble a été la sauvegarde des combattants, même lorsque ceux-ci étaient d'excellents tireurs ; d'autres fois, quand il ne s'agissait que de preuves d'adresse, il a été cause d'accidents plus ou moins graves. En voici un exemple. Dans une petite ville de Bretagne ayant une garnison, un jeune lieutenant était d'une grande adresse au pistolet. Un jour il paria briser le tuyau d'une pipe dans la bouche de son ordonnance ; celui-ci, certain de l'habileté de son officier, se prêta de bonne grâce à l'expérience qui eut lieu devant une douzaine de personnes. L'officier, sûr de lui-même, abaisse son arme ; mais, au moment de presser la gâchette, subitement se présente à son esprit le sentiment de sa responsabilité, les conséquences d'un accident ; il hésite, sa main tremble, le coup part ; on entend un grand cri : le malheureux troupier porte la main à sa tête inondée de sang, la balle venait de lui enlever le nez.

Les tireurs de profession. — Les tireurs de profession sont de deux sortes. Les uns vont de concours en concours et, utilisant leur habitude du tir et leur adresse, enlèvent les premiers prix. Ils revendent ceux-ci lorsqu'ils consistent en objets d'art ou en armes de valeur. Presque tous les règlements des concours s'efforcent d'éliminer ces tireurs ambulants dont la concurrence est si redoutable pour les simples amateurs. On cite l'exemple de l'un d'eux, qui, réfugié en Suisse en 1871, gagna en quelques années suffisamment d'armes décernées comme prix dans les concours pour en faire le fonds d'une boutique d'armurier.

D'autres tireurs de profession s'exhibent en public ; les deux plus célèbres s'étant en dernier lieu montrés à Paris sont le docteur Carver et M. Ira-Païne.

Parmi les plus étonnantes expériences exécutées par ce dernier au théâtre des Folies-Bergère, on peut citer, au pistolet : percer un as de cœur tenu à la main ; percer de la même façon un trois de cœur ; couper une carte présentée par sa tranche ; atteindre une boule de la grosseur d'une orange oscillant à l'ex-

Fig. 62. — Le tir à dos tourné. Tireur américain, abattant une orange placée sur la tête de sa fille.
Exercice exécuté sur un théâtre de New-York.

trémité d'un long fil ; et enfin abattre la cendre d'un cigare tenu
à la bouche et briser une noix posée sur la tête de Mme Ira-Païne.
Ces deux derniers exercices occasionnent toujours une certaine
émotion parmi les spectateurs : on craint qu'un manque d'a-
dresse ou tout au moins un mouvement involontaire ne fasse
dévier la balle et que celle-ci ne vienne briser la tête de la por-
teuse. Cette crainte n'est pas fondée ; M. Ira-Païne est parvenu
à une adresse telle que le maximum d'écart de ses balles à 12
ou 15 pas ne dépasse jamais 1 centimètre. Or la cendre du
cigare est à 3 ou 4 centimètres de la bouche, et la noix, en
comprenant le support et l'épaisseur des cheveux, est élevée de
5 à 6 centimètres au-dessus du crâne. On peut donc être sans
crainte sur le sort de Mme Ira-Païne.

Parmi les exercices à la carabine, ceux exécutés par M. Ira-
Païne fils, âgé d'une dizaine d'années, « le jeune Nemrod, »
dit l'affiche, sont particulièrement remarquables : son père projette verticalement des cartons-cibles, et le jeune garçon les
atteint à balle. Dans ceux qu'il nous a été donné de voir, toutes
les balles atteignaient la mouche ou le premier cercle. Un autre
exercice consiste à abattre à la carabine des boules jetées en
l'air. C'est un amusement très employé à la campagne, dans les
châteaux, pour se faire la main avant l'ouverture de la chasse ;
un domestique, abrité derrière un mur, une porte ou un bou-
clier formé de quelques planches, projette des boules de verre
que les chasseurs, placés à une vingtaine de pas, abattent au
vol ; c'est un exercice moins cruel que le tir aux pigeons et dans
lequel certains amateurs excellent ; quelques-uns d'entre eux
brisent ainsi 18 ou 19 boules sur 20.

Les tireurs de profession exécutent cet exercice avec beaucoup
de brio et d'adresse, mais naturellement, dans ce cas, leur carabine est chargée non à balle, mais à plomb et à plomb très
fin, de la cendrée, par exemple. M. Ira-Païne exécute un très
joli tour d'adresse : jetant lui-même les deux boules, il les brise
par un coup double, qui serait la gloire d'un chasseur de bonne
force. Un autre exercice de quelques tireurs de profession con-

siste à tirer le dos tourné, sans regarder le but : par exemple, le canon de la carabine appuyé sur l'épaule ou sur la tête. Cet exercice se fait à l'aide d'un truc : en réalité le tireur voit le but ; il le voit non directement, mais bien par la réflexion d'une glace placée dans la coulisse ; ce n'en est pas moins un tour d'adresse très remarquable (fig. 62). Ce tour a donné lieu à un accident des plus dramatiques dont les journaux ont parlé il y a deux ans. Un tireur s'exhibait sur un théâtre à New-York et, renchérissant sur la célèbre prouesse de Guillaume Tell, enlevait une orange sur la tête de sa jeune fille, mais en tirant le dos tourné. Cinq cents fois peut-être auparavant il avait exécuté cet exercice ; un soir le coup part, la jeune fille pousse un cri et tombe foudroyée, le front brisé par la balle. On a attribué cet accident à un défaut dans la cartouche.

FIN

TABLE DES MATIÈRES

LES TIREURS.

FIN DE LA TABLE DES MATIÈRES.

3741-85. — CORBEIL. Typ. et stér. CRÉTÉ.

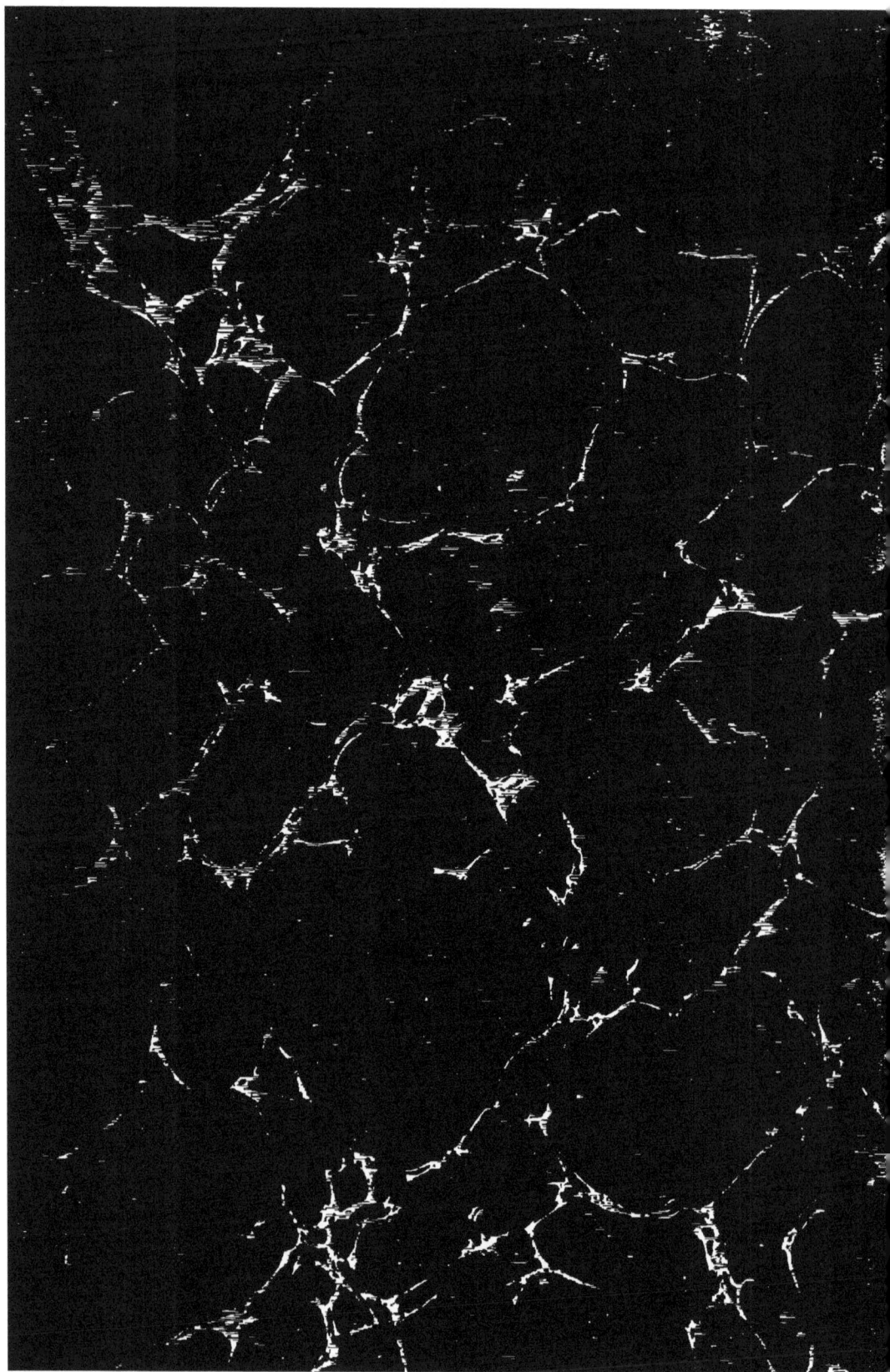

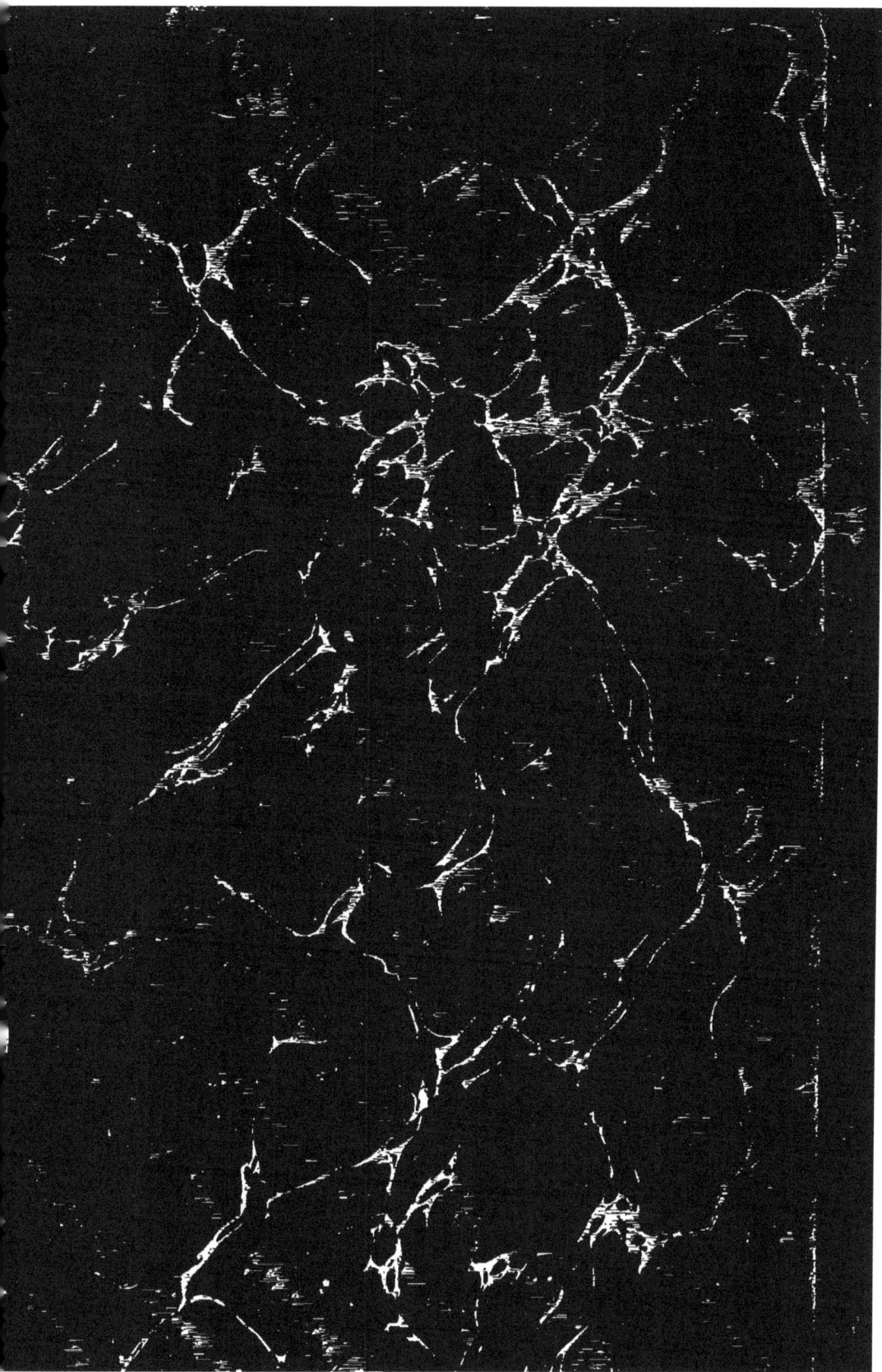

www.ingramcontent.com/pod-product-compliance
Lightning Source LLC
Chambersburg PA
CBHW060359200326
41518CB00009B/1190